理想家居

Smart
Interior Design

亮点设计

漂亮家居编辑部 著

U0219901

中国轻工业出版社

图书在版编目 (CIP) 数据

理想家居亮点设计 / 漂亮家居编辑部著 . -- 北京：中国轻工业出
版社，2019.10
ISBN 978-7-5184-2589-1

Ⅰ．①理… Ⅱ．①漂… Ⅲ．①室内装饰设计 Ⅳ．① TU238.2

中国版本图书馆 CIP 数据核字 (2019) 第 159010 号

责任编辑：巴丽华　　　责任终审：劳国强　　　责任监印：张京华
封面设计：奇文云海　　　版式设计：奥视星辰

出版发行：中国轻工业出版社（北京东长安街6 号，邮编：100740）
印　　刷：北京博海升彩色印刷有限公司
经　　销：各地新华书店
版　　次：2019 年10月第1 版第 1 次印刷
开　　本：710×1000　1/16　印张：12
字　　数：200 千字
书　　号：ISBN 978-7-5184-2589-1　　　定价：68.00 元
邮购电话：010-65241695
发行电话：010-85119835　传真：85113293
网　　址：http://www.chlip.com.cn
Email：club@chlip.com.cn
如发现图书残缺请与我社邮购联系调换
180813S5X101ZYW

Content 目 录

PART 1
舒适方便！多元化空间设计妙招

所有不切实际、使用不便、使用频率低下的花哨设计，都是对金钱和空间的极大浪费
设计重点：一物多用，避免精心设计却不实用

PART 2
小创意大惊奇！超方便的家居功能设计

家居设计中的创意，可能是低调闪光点，它们往往朴实好用又令人惊叹
设计重点：对的功能，才能有方便的使用效果

PART 3
好收好用省空间！大收纳功能设计妙招

整洁有序的收纳空间是美好生活不可或缺的基础，规划家居收纳的时候，不仅要考虑美观，还要考虑实用性
设计重点：搞定收纳！家里空间自然放大

PART 4
毫不费事！家居便利设计妙招

请记住：家是为人所用，为人服务的。如果考虑不周就会使用不便，漫长的居家生活中，你可能会沦为家的保姆
设计重点：聪明选材！让环境常保干净整齐

PART 5
简约实用！家装减负设计妙招

为自己的空间注入个人喜好，无须烦冗规划，只要一点小心思，小设计就够了
设计重点：实用规划！用简约呈现居家新风尚

PART 1

舒适方便！多元化空间设计妙招

所有不切实际、使用不便、使用频率低下的花哨设计，都是对金钱和空间的极大浪费

设计重点：一物多用，避免精心设计却不实用

警惕：费力不讨好的低效能设计

图片提供 @ 尔声设计

家装败笔 1
刻意打造的吧台看似有气氛，其实很少使用

解决办法
用多功能餐桌代替吧台

许多业主喜欢在客厅一隅规划简单的吧台，实际上对家中有老人、孩子的多人家庭，或长时间在外上班的族群而言，这一区域并不常用。若没有正确计算台面尺寸与椅座高度，很容易因坐起来不舒服而成为用来堆放杂物，累积灰尘的家装败笔。如果能有复合性的设计，则可以增加居家平效（本书中指单位面积的使用效率），例如在设计时将吧台与餐桌结合，同时设计出适当的藏酒收纳空间。如此，这个空间既可以是全家人共享的用餐空间，也能作为夫妻偶尔小酌谈心的地方，一举数得。

图片提供 @ 分寸设计

家装败笔 2
玄关柜全封闭，常用
物品收纳不便

解决办法
玄关柜须有开放式设计，
物件才好收纳

　　玄关可以说是衔接房屋内外的重要区域，只要缺少一气呵成的动线，就会造成居家生活的诸多不便。玄关的收纳设计也决定了入口处的整洁程度。缺乏完善规划的玄关收纳，可能造成鞋子、杂物乱摆的情况，往往也会给访客留下负面印象。因此，除了在设计上要配合住家整体面积外，玄关置物柜的功能设计也不能掉以轻心，有柜门式的收纳柜能简化立面线条，开放式的柜体设计则便于快速收纳。同时，如果能穿插更多的设计，将更能切合玄关空间的动线所需。

图片提供 @ 维光好室

家装败笔 3
厨卫随意挪移，金钱
瞬间流失

解决办法
厨房改造
须考虑水电路条件

　　不少人在进行房屋改造时，随便挪动厨卫，却往往忽略了厨房、卫浴这类空间与水电路的密切关联，这样不仅费时耗工，施工过程中处理得不好还可能留下水管漏水的隐患。而厨房抽油烟机安装的好坏直接影响吸烟的效果，特别是中岛式厨房开放空间的设计，如果排烟系统没有做好，就很可能引发室内油烟四溢的问题。一般情况下，抽油烟机距离炉口 70~90 厘米为合适高度。值得注意的是，施工时要尽量缩短排烟管线，这样才能强化排烟效果。

既省事又省空间的创意，这样做就对了！

人员组成

家庭成员 夫妻 2 人
设计亮点 玄关柜

亮点分析

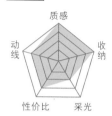

01 轻量感设计，打造透亮大空间

格局还算方正的 83 平方米住家，仅针对较为原始、狭窄的卫浴、厨房空间进行调整，实现业主期待的开放式大厨房。厨房旁另辟出独立的储藏空间，公私领域的功能也一点都不能马虎，订制的柜体不仅可以多样化收纳，还能保有空间的采光与通透性。

图片提供 @ 合砌设计

1 趣味色块木盒创造多元收纳：玄关以木工订制出如盒子般的柜体设计，正面部分可收纳衣帽、鞋子，最下方的开放区放置室内拖鞋或常穿的鞋子，中间的小抽屉摆放信件或钥匙。灰色、黄色色块以及穿透玻璃分隔设计，能够降低木材的沉重感，柜体背后留缝透气，上方也充分利用高度规划出小型储藏空间。

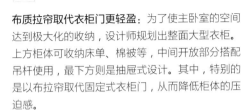

2 布质拉帘取代衣柜门更轻盈：为了使主卧室的空间达到极大化的收纳，设计师规划出整面大型衣柜。上方柜体可收纳床单、棉被等，中间开放部分搭配吊杆使用，最下方则是抽屉式设计。其中，特别的是以布拉帘取代固定式衣柜门，从而降低柜体的压迫感。

人员组成

家庭成员 夫妻 2 人

设计亮点 货柜门、架高地
板、储藏柜

亮点分析

02 隐形功能设计，小家空间更开阔

　　一室一厅的格局规划，虽然对夫妻俩来说还算充裕，然而他们也希望朋友、家人来访时能拥有舒适的聚会空间，甚至还能留宿。因此将卧室隔间打开，运用玻璃折门、架高地板方式，结合升降桌面的设计，发展出可用餐、休憩，也能作为卧铺的弹性空间，而空间也因为少了隔间而显得更开阔。不仅如此，小空间的入口还隐藏了两个储藏柜、鞋柜，卧室亦有大面衣柜可使用，甚至可从墙面拉出穿衣镜，将收纳技巧运用得淋漓尽致，无须因空间小而委屈。

　　图片提供 @ 合砌设计

1 架高地板延伸用餐、卧铺、休憩功能：由于居住成员仅有夫妻俩，加上他们期盼能拥有客房的功能，因而将卧室隔间拆除，并通过架高地板的延伸设计，创造休憩、用餐、客房等多元用途，卧室与多功能区之间以长虹玻璃折门分隔，可根据需求弹性调整空间。

2 货柜门将收纳隐藏：看似毫无柜体的空间当中，其实隐藏了看不见的收纳细节，例如玄关入口与客厅之间的转折处，独特的蓝色货柜门片内就是实用的储藏柜，行李箱一推就能收，另一侧也包含了鞋柜、储藏柜，所有生活杂物都能收拾得干净利落。

3 贴心的神奇隐身术：利用电视墙体的厚度，巧妙将穿衣镜、窗帘完美隐藏起来，一点也不占空间。此外，窗帘可以增加卧室的私密性，而穿衣镜更是两侧都能使用，十分便利。

人员组成

家庭成员 祖母、夫妻2人以及假日探访的儿子一家4口

设计亮点 收纳柜及和室

亮点分析

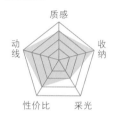

03 双面动线提升空间平效

  由于这个空间承载了一家三代人的成长记忆，因此身为孙子辈的委托人杨先生想把这空间的美好再传承给第四代，于是请设计师在不影响祖母生活便利性的前提下，重新规划该空间。由于平日空间里多为高龄者活动，因此全屋采用无障碍设计，并利用双面柜墙、架高地板及双动线设计，让空间呈现出清爽明亮的质感，同时兼具强大的收纳功能。

  图片提供 @ 构设计

空间质感 👍

1 书桌兼沙发背景墙区域：为使阳台采光进入室内，公共空间采用开放式设计，这同时可让视野延伸，放大空间感。沙发背景墙采用书房桌面同款图案，利用地面架高区作为椅子且兼具收纳功能。

采光 👍

2 玄关双面柜体，鞋柜兼电视机柜：为了避免开门即见客厅的视觉尴尬，一进门设计 4 米长的双面橱柜，面向大门为鞋柜，迎向客厅为电视柜，并设计木制镂空门片让电视机柜散热透气。此种双动线的玄关设计，不仅有阻挡效果，动线更流畅。

收纳 👍

3 儿童游戏间的超强收纳和室：为了满足孙子一家四口回来用餐或探访的需求，设计一处休憩场所及小朋友的游戏场所是十分必要的。此时，架高地板的和室（本书中指一种可席地坐卧的房间，地板往往配有地柜）就是最好的选择。其下方可收纳，墙壁可放置衣物，还可根据需要打造升降台，读书、泡茶两相宜。

人员组成

家庭成员 夫妻 2 人
设计亮点 中岛区与储藏室

亮点分析

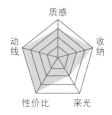

即将结婚的廖先生及廖太太，以这间面积 115 平方米的新房打造爱巢。喜欢北欧风格的他们，对空间功能性要求有玄关屏风、开放式大餐桌、中岛及吧台区域以及强大的收纳功能及储藏间，为此设计师保留自然采光及公共区域的开阔感，让收纳兼具造型，并利用柜体作为空间的转换，使室内每个地方都具有其存在的价值与意义。

图片提供 @ The Moon 乐沐制作

空间质感 👍

1

巧用零碎地化繁为简创造弹性空间：为了满足业主要有储藏空间的需求，利用玄关一进门左手的客厅零碎地与中岛区做一造型的连接，并把储物空间及电表箱隐藏其内。

采光 👍

2

黑玻璃门片透光至更衣室：利用主卧的零碎空间设计一间更衣室，并运用黑玻璃材质，让主卧光线得以进入更衣室。此外，将更衣室推拉门片宽度与主卧浴室门片设计为相同尺寸，方便收合在同侧，这样不会显得突兀，且主卧浴室门把利用一梯形木条嵌入，让视觉一致。

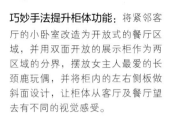

3

巧妙手法提升柜体功能：将紧邻客厅的小卧室改造为开放式的餐厅区域，并用双面开放的展示柜作为两区域的分界，摆放女主人最爱的长颈鹿玩偶，并将柜内的左右侧板做斜面设计，让柜体从客厅及餐厅望去有不同的视觉感受。

收纳 👍

人员组成

家庭成员 夫妻2人 + 即将加入的孩子

设计亮点 旋转电视柜

亮点分析

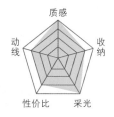

05 多彩设计创造个性生活

　　为了准备迎接即将出生的宝贝，业主陈先生和太太买下这间4室1厅的住宅，一方面由于格局还算方正，加上采光理想，另一方面也是因为两人对北欧风格家居充满向往，因此设计师便决定以简化硬装、提高软装与家具配比的北欧居家风格作为设计理念。

图片提供 @ 北鸥设计

1 活动家具、家饰让生活空间更具弹性：
简单利落的北欧风格，粉嫩的双人沙发搭
配蓝色单椅，另有经典 TOGO 沙发（法国
设计师 Michel Ducaroy 设计的一款经典沙
发），让业主可随人数、用途弹性移动组
合，为空间创造多变风格。

2 多彩复古边柜烘托北欧氛围：边柜是北
欧风格最不可或缺的装饰角色，从玄关
到客厅的过道上，选搭一件有着鲜艳色
彩的柜子点缀，并以木头材质挂钩突显
随性生活。

3 自由组合书架兼具展示功能：北欧风格的
精髓在于"适当留白"，开放式书房以
string furniture（瑞典老牌家具品牌）系统
层架取代木制柜体，可随心所欲重组变化，
打造专属的书架功能模式。

善用多功能，
小空间也能满足大需求

家庭成员 夫妻 + 3 个小孩
设计亮点 多功能电视柜

亮点分析

06 旋转、升降、隐藏，电视的无限变化

　　大人平时喜欢追剧，小孩有时也要看益智节目，生活少不了电视的一家人，不仅在客厅、餐厅都要电视相伴，就连卧室里也一定要拥有一台电视机。设计师在公共空间中让电视变成可以旋转的，并且偷偷把电视机藏进了衣柜里！

　　图片提供 @ 福研设计

1 如旋转门般的电视柜：考虑到业主喜欢沙发后面能紧邻窗户，使客厅、餐厅有充足的自然光源，把电视墙设计成旋转柜，便可多角度使用而不阻挡光线。

2 360度强大收纳功能：可旋转的电视柜拥有强大的收纳功能，背面能放置杂志或装饰小物，侧面可收纳CD。

3 藏在衣柜里的电视机：把超薄的电视机嵌入衣柜的门片当中，把电视线路和机器设备全都收得干干净净，不仅不占用单独空间，还能满足业主需求。

人员组成

家庭成员 1 人
设计亮点 卧室、收纳

亮点分析

质感
收纳
动线
性价比 采光

07 复合多功能设计，打造无印风木色阳光房

一个人居住的 50 平方米住宅更需注重功能性，希望的风格是无印风（指无印良品家居风格，其特征是追求自然，设计简朴并注重实用性）。业主喜欢看书胜于看电视，需要有张大桌子可以处理工作、用餐事宜，父母偶尔探望有需要过夜的需求。因此，设计师通过家具整合，弹性规划空间，客厅、餐厅以中岛矮柜分隔，看似客厅却又能当客房，让家不再受空间限制，一个人独居，家人团聚都好用。

图片提供 @ RND Inc.

動线 👍 收纳 👍 空间质感 👍

1 T字墙面拉出空间轴线：从大门拉出一道T字墙面，创造出半开放且独立的玄关、厨房区域，同时更将冰箱、鞋柜与电器设备收纳于此。值得一提的是，以磨石子地材铺设玄关、厨房，有利于灰尘与油烟的清理，厨房内一并安排洗脱烘设备，能让唯一的阳台回归单纯的景观用途。

功能 👍 收纳 👍

2 "Π"字框架包覆温馨睡寝区：开发商之前的安排是将梁下设定为衣柜，然而空间有限不能满足收纳需求，于是设计师改为置床铺于梁下，并通过特殊的"Π"字形框架做出包覆，既修饰大梁也带来更丰富的储物功能——另一侧较宽的墙面就能创造更大的衣柜容量。

空间质感 👍

3 榻榻米地材创造弹性生活形态：50平方米的空间若再规划客房势必感到狭窄，所以在客厅区域舍弃沙发、茶几，并采用榻榻米材质铺设地面，让这一区域既可以是休憩空间、客房，也能随性坐卧看书。

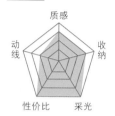
08 双轴线＋多功能，空间功能多两倍

56 平方米的小空间拥有优越地理环境，却因为不当的格局，使得采光通风不佳，也让住在这里超过 10 年的王先生及王太太决定大改造，找到居住的舒适感。因此设计师顺应空间基地的向阳面，引导出两条轴线的概念，一条为生活轴线，另一为视觉轴线，还给家人健康的居家生活。

图片提供 @ 尤哒唯建筑师事务所 + 聿和设计

1

玻璃屋厨房让光源入内：以玻璃屋形式，让阳台自然光源从厨房进入室内。此外，客厅采用开放式玻璃推拉门设计，扩大视觉感，也是空间端景（本书中指走廊尽头或空间末端的室内景观）。

2

多功能长桌化解柱体 ：虽说业主不需要餐桌，但考虑到屋子中央正好有根结构柱，因此改造成长桌，不仅可以用餐，还是工作台面，并提供沙发区的稳定背靠，也是东西向视觉轴线中的界线。

3

带升降台的多功能和室：将原两卧改为一
和室及一卧室。和室推拉门关上可兼做客
房使用，平时打开推拉门，则与客厅、餐
厅合而为一，让 50 平方米的室内空间在
视觉上及使用功能上变大且更多元化。

4

三段不同高度地坪分隔空间 : 三段不
同高度的地坪规划，依次作为客厅、走
廊、书房兼客房的分隔，引领视觉穿透
三区，构成一条笔直的视觉主轴。

人员组成

家庭成员 夫妻 2 人
设计亮点 和室及收纳柜

亮点分析

09 化腐朽为神奇，巧改梁柱为柜体

　　年轻夫妻买下这间 56 平方米的小户型后便一直居住于此，几年下来，突然发现因为堆积太多物品而使得生活品质急速下降，于是想找设计师帮忙，通过开放式设计及整合规划，还原空间采光优势，并把房中的梁柱劣势变优势，便 56 平方米的小户型也能拥有双倍的收纳空间。

　　图片提供 @ 尤哒唯建筑师事务所 + 聿和设计

收纳 👍

1 **主卧偷移60厘米建大衣柜**：在调整空间格局时，将主卧往和室偷偷推移60厘米，多出衣柜空间，满足主卧收纳所需。此外，将唯一卫生间改为从玄关或主卧进出，使用更便利。

2 **收纳地下化，释放更多空间**：通过架高木地板区分公私区域，并把地板下空间全用来做收纳，可释放更多空间。

3

玄关柜串联电视柜及电器柜：将玄关收纳柜一路串联至电视柜墙和厨房电器柜，将三者连为一体不仅可以解决玄关、客厅、厨房3个空间的收纳功能，同时也修饰了老公寓的大梁柱问题。可活动的电器柜门片更能营造空间的不同面貌。

家庭成员 夫妻 2 人
设计亮点 弹性客房

亮点分析

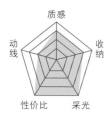

10 一屋两用，空间平效瞬间跃升

　　业主为知天命之年的公司高管，买下这间位于郊区的
99 平方米住宅，为的就是将来退休之后可与妻子在此安
度晚年。对于空间的设想，除了喜欢干净清爽的感觉而偏
好在空间里呈现白色穿透感氛围外，还考虑到未来与好友
相聚或孩子留宿的问题，希望在有限的空间里再规划出一
间房间。

　　图片提供 @ 润泽明亮设计事务所

采光 👍 空间质感 👍

1 利用自然光源打造纯净色系空间中的通透质感**：大面积的白让空间没有复杂元素，以颜色、线面与灯光呈现出空间的通透质感。此外，纯净的色系更能通过自然光线映照，在视觉上完全舒展开来，成功营造简约的北欧风家居。

2 冷白与暖灰中和，木质跳色吸睛**：调整厨房位置，让动线更加顺畅，并将中岛及餐桌改造为开放式，方便聚会。从空间至家具以纯白为主，因此搭配特殊亚克力桌脚的木质餐桌及暖灰色地毯就成为空间中的抢眼跳色，有效中和大面积白色的冷。

功能 👍 采光 👍

3 加大采光窗引进光源**：为增加主卧的使用空间，将冷气孔与原窗整合加大，大量引进自然光源，使空间明亮又通风，并利用窗边梁下空间做收纳，增加其功能性。

收纳 👍

4 用活动门片打造弹性客房**：通过格局重新调整，将原3房改为2房。与客厅相连的客房以活动式门片取代实墙，其灵活性使得空间可以根据需要调整，除了延伸视觉尺度增加空间平效外，还构筑了更符合需求的生活场所。

释放厨卫空间限制，平效立即倍增

人员组成

家庭成员 夫妻2人+2个孩子
设计亮点 形随功能的折叠
设计巧思

亮点分析

质感
收纳
动线
性价比
采光

11 空间、功能合一的串联之家

　　孔先生和孔太太为迎接即将到来的退休生活，决定重新装潢老房子，让全家人有耳目一新之感。由于平面面积相当有限，设计师率先把厨房从密闭的格局中释放出来，让公共空间更加开阔，并调整楼梯位置，通过一笔画的设计"折"学，让家具与空间合而为一，所有具有功能性的空间全都互相串联了。

　　图片提供 @ 福研设计

1

一笔从厨房"收"到客厅：从主卧室的木门面开始，延伸至天花板、厨房餐桌兼吧台、客厅书桌，再变身窗台座椅，每一次的转折暗藏不同功能。

2

楼梯每面收纳不浪费：楼梯调整位置重建，扩充底部空间与电视柜结合，并利用楼梯下方的零碎空间规划成展示柜和主卧室内的衣柜。

3

香案也收得好漂亮：将香案和收纳柜相结合，圆形的镂空设计和色彩使用使之成为客厅的亮点，活动推拉门则成为玄关与客厅的弹性分界。

4

扶手生出模型伸展台：业主的儿子就读建筑系，在楼梯扶手的顶端设计了一个模型展示台面，让他陈列作品，从而创造出楼梯间的迷你艺术走廊。

收纳 👍

人员组成

家庭成员 2 位女士
设计亮点 整合次卧与客厅、开放式厨房与吧台

亮点分析

质感
收纳
动线
性价比
采光

　　业主本身是位厨师，思考空间布局时，便期盼能有个功能完备且符合使用习惯动线的厨房。此外，原空间本为3室，但实际使用频率不高，于是设计师将空间重新调整，改为以厨房作为核心空间，并通过开放式手法让空间连成一体。如此，不但公共区域的使用动线变得更为流畅，合而为一的卧榻与沙发，既能满足平日居住的需求，偶尔亲友来访，也能提供一处舒适的休憩环境。

　　图片提供 @ 一它设计 i.T Design

1 有方向、有角度地做串联延伸：厨房的吧台及沙发都采用斜角设计，客厅电视墙同样也用了倾斜手法，一来能彼此呼应，二来也创造出视觉的多样性。此外，电视台面也从室内延伸至室外，这不仅加深了空间尺度，也让室内外更无界线。

2 无形的空间界定设计：客厅与次卧紧邻，设计师以开放式手法处理，将两个空间串联在一起。沙发靠背立起与平放之间，形成一个巧妙的空间界线，立起时形成独立的两个空间，平放后则变成一个开阔的整体空间。

以料理吧台作为空间核心：
这种做法一改过去餐厨空间使用不顺手问题，通过采用开放式的空间法则，整合相关家电、厨具等设备，此外还将料理台与餐桌吧台做一延伸，人少时使用很合宜，多人共享时也不感觉拥挤。

人员组成

家庭成员 夫妻2人 + 2个
小孩

设计亮点 细长柜

亮点分析

13 拒绝被科技绑架的猎人小木屋

　　张先生和张太太有感于现代人被科技所绑架，希望家人和亲友来到家里时能放下手机，享受相聚时刻，远离世俗喧嚣，于是打造没有电视机的客厅，以灰色系的材质营造宁静氛围，实木拼贴的天花板和壁炉唤起置身小木屋里的那份温暖与自在。此外，设计师还在角落创造平面空间，延展视觉的同时也把零碎空间转化为收纳的好场所！

　　图片提供 @ 合风苍飞设计工作室

1

是衣帽柜又是投影幕布：从地下停车场的楼梯上来后，可直接把外套挂在白色吊柜里，门片可沿着轨道推至客厅，作为投影幕布来观赏电影。

2

长柜与木板拉长空间：玄关柜自客厅延伸至厨房橱柜，可收纳零碎小物，上方也展示业主的品位收藏。长柜和天花板的木材走向，将空间瞬间拉长了！

人员组成

家庭成员 夫妻2人 + 1 个女儿

设计亮点 开放式收纳设计

亮点分析

质感
收纳
动线
性价比
采光

年轻新潮的夫妻俩，对于空间的接受度很高，不爱过去塞满柜体的设计，希望以北欧风格的家居环境营造简单的生活感，设计上给予设计师极大的发挥空间。这间居室以纯净的白为主色调，功能设计也予以简化，并植入展示意义，让业主能展示其收藏的各种小物件。

图片提供 @ 北鸥设计

2 收纳柜是隔间也是书墙：对于大量留白的公共区域，在客厅、餐厅之间舍弃制式隔间，餐厅主墙则用镂空展示层架替代沉重柜体，不仅具有书柜、展示柜等功能，还能随意变成隔屏。

1 衣服随意挂就有生活感：以格状铁件屏风隔离而出的玄关空间别出心裁，相较做满鞋柜的方式，设计师利用开放式衣杆作为外出衣物的收纳区，搭配一张椅凳，让空间多了生活感。

3 展示型吊柜创造生活风景：开放式的中岛厨房，除了以几何黑白瓷砖拼贴为独特亮点，还在面对厅区的岛台上方定制结合照明的双层吊柜，让锅具收纳巧妙成为生活展示。

PART 2

小创意大惊喜！超方便的家居功能设计

家居设计中的创意，可能是低调的闪光点，它们往往朴实好用又令人惊叹

设计重点：对的功能，才能有方便的使用效果

警惕：规划功能不关注细节，花钱办错事

图片提供 @ 福研设计

家装败笔 1
当心美感造型成为整人设计

解决办法
收纳柜体，需要针对需求做设计

许多家庭喜欢设置超多收纳空间，常常为了造型好看而选择大小规格一致的格柜、抽屉柜，却忽略了东西的尺寸各有不同。设计时需要针对收纳需求设计相应的柜体，同时柜体的位置也应依习惯而定，例如经常使用的钥匙，可以置于玄关平台或玄关抽屉内；大型收纳柜体应以业主身高为标准，举手高度以上及腰部以下位置作为放置不常用物体的收纳空间，头部至腰部高度则可设置常用物件收纳空间。

家装败笔 2
电线插座乱走，带来安全隐忧

解决办法
合理的插座布置，
才能确保安全环境

　　很多业主在实际居住后才发现插座不够用，事实上，空间中电线插座的设置需要依据业主生活习惯进行安排，除了固定家电之外，还应考虑不同季节、个人需求、未来可能增加的设备所需插座，一般室内空间则以"对角线配置"为大原则：在固定空间中前、后、左、右固定配一组，总共 8 个插孔，再依特殊需求增加插孔数量。

居家用电插座区域配置表

空间	玄关	客厅		餐厅				
设置位置	玄关平台	电视柜	沙发背墙	餐柜	餐厅主墙	中岛炉台	餐桌下方	出菜台边
数量／组（每组 2 插孔）	1~2	3~4	2	1~2	1	1~2	1~2	1
备注	玄关柜内、客厅展示柜若有照明或除湿等需求则需增加，沙发左右应根据壁灯、季节性电扇暖气等需求增减。							

空间	厨房				主客卧／儿童房				卫浴	
设置位置	电器柜	冰箱	料理台	排油烟机	床头	衣柜下方	梳妆台	书桌	洗手台	马桶
数量／组（每组 2 插孔）	3	1	2	1	2	1	1	2	1	1
备注	电器柜需设置独立回路。				书桌依电脑、影音设备需求增减，若有独立书柜则需增加。					

减一分太少增一分太多，
刚刚好的功能设计

家庭成员 1 人

设计亮点 玄关洞洞板

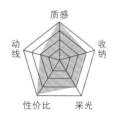

01 麻雀虽小五脏俱全，在家也能舒服地工作

对于单身人士来说，一个人的生活状态需要居家空间具有双重功能，既是家，也是在家工作的场所。因此这样的业主希望能打破传统家居布局。空间规划上让工作桌、餐桌达到完美结合，一张大书桌满足工作与用餐双重需求。

图片提供 @Kc Design Studio 均汉设计

1.

松木孔洞兼具通风与收纳双重功效：玄关入口选用自然松木材质打造收纳柜，上方赋予的孔洞设计，不仅能达到良好的透气通风效果，只要加上横杆配件，还能吊挂包包、雨伞等物件，既实用又多了一分生活感。

2.

三角旋转餐桌兼具书柜：以书桌作为餐桌概念取代多人聚餐的餐厅，通过桌面到地板由宽至窄的平行式移转，创造出旋转动感的视觉变化，同时赋予收纳书籍的功能。

家庭成员 夫妻 2 人 +1 猫
设计亮点 胡桃木吊顶

亮点分析

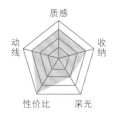

02 贴心设计，猫与家人都乐活

业主的家具面积 83 平方米，家庭成员除了夫妻 2 人，还有 1 只猫，故家居设计也考虑了猫的生活习惯。由于猫喜欢在很高的地方走动，也习惯进出每一个房间，所以公共厅区设计了木平台、隧道洞穴、层板跳台等，让小猫可随性跳跃玩耍。房门上也为小猫增加圆形小房门，使其能自由进出卧室。

图片提供 @ RND Inc.

1 天花走道，打造小猫乐园：客厅上端以木作平台勾勒出小猫的天花板走道，圆形洞穴内更隐藏隧道，让猫咪能自在走动玩耍。

2 活动小门让小猫畅行无阻：每道房门皆加入圆形猫洞，这样小猫就能自由进出每个房间，而金属质感的猫洞也与整体风格极为协调。

3 黑铁窗景：女主人专属的音乐室隔间特别采用黑铁窗框，搭配钢化玻璃，且大半时间维持开启的状态，有助于屋子的空气对流。

4 用色彩陈述空间个性：橘色房门是由设计师手工刷漆而成，以满足业主对于色彩的喜好，同时也强调了自然不造作的精神。

家有宠物不可不知的设计要点

宠物空间的设计与宠物类别息息相关，以常见的猫狗来说，空间可依喜好习性创造有趣且具功能的细节，宠物住得舒适，自然也能大幅减低饲养方面的问题。

材质与家具的选择

业主可观察宠物的属性，长毛类宠物需要较干燥、通风或有良好空气循环的环境，最好选择光滑面材质以便于清理，家里的吸尘器、扫地机器人及空气净化器等也应视情况添加，以确保全家的呼吸健康。家具的选择应尽量避免藤编、皮制类，因为它们容易受到宠物爪子撕咬而毁损。小猫喜欢磨爪，可以视空间设计猫抓柱，一来能避免小猫乱抓，二来也能增添趣味性。

打造宠物爱窝

在家中为宠物设计专属空间，能增加宠物个性的稳定性及其归属感，同时养成规律的习惯。然而设定家中猫狗小窝位置，需要思考他们如厕的轨迹及便利性，最好要避开家人走动的位置。小窝的材质选择以自然材质为佳，如竹编、木皮等，可在小窝内放置宠物喜欢的毛毯、玩具。要创造宠物喜欢停留的小空间，一定要有保暖、遮蔽的功能，才能建立宠物在空间中的安全感，进而使它自己的领域有所认同。

人与宠物皆开心的空间

掌握宠物的喜好特性及优缺点来设计空间，才能让住在同一屋檐下的人与宠物都皆大欢喜。以宠物狗来说，对于那些一有风吹草动就有吠叫习性的狗狗，要设计不易受打扰、惊吓的睡窝区域。至于小猫则有喜欢待在高处、好爬高、爱处处探索的特点，为它在家中设计空中猫道、小门等，都能带来无限趣味。而宠物排便空间要注意通风及清理的便利度，这样才能将室内异味降到最低。

舒适的睡眠空间，畅行无阻的动线和适度的玩乐空间都是小猫生活中不可或缺的地方。

人员组成

家庭成员 2 人 +2 狗
设计亮点 半高墙、宠物任意门

亮点分析

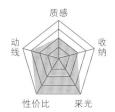

质感
动线
收纳
性价比
采光

03 人狗和谐相处的舒适共享空间

　　这间 30 年的老屋原有格局阴暗狭窄，如何改善光线问题，同时赋予从事烘焙的业主一个宽敞的厨房，成为设计的关键。利用大面积落地窗，室内无阻隔的开放设计以及简约的阳台空间，让光线洒满每个角落。除此之外，通过主卧家具的选择，宠物狗的任意小门规划，让狗狗们也能住得开心又舒服。

　　图片提供 @ RND Inc.

1

半高墙设计保有光线的穿透性：在老屋采光受限的情况下，除了通过格局调整找回阳光，客厅、餐厅之间也要舍弃隔墙，采取半高的空心砖墙，达到既能转换空间，又能让光线穿透的目的。

2

清爽复古的白色卫浴：运用经典面包砖打造的主卧卫浴，经过格局调整后，享有完整的四件式卫浴配置，由于选搭欧式浴缸，考虑排水孔的位置设计关系，因而将浴缸龙头规划于中间，也避免与淋浴龙头并排，造成视觉上的凌乱。

人狗共卧一塌：主卧室的风格简约温馨，以温润的木质家具作主要配置，特别挑选的床架具有移动式抽屉收纳，同时可作为宠物狗的睡床使用。

4

宠物狗专属任意门：为了让家中宠物狗能从主卧室到阳台上厕所，在隔间墙底部设计一扇小门，狗狗就能自由进出。

人员组成

家庭成员 1 人 + 1 猫
设计亮点 多功能客厅

亮点分析

04 与喵星人共享 56 平方米英伦风家居

爱猫的单身女业主在买下这座在市中心的 56 平方米房子后，便一直闲置，直到确定自己喜欢的风格，才开始找设计师协助，将原本的 2 室 1 厅整合成为 1 室 1 厅 1 卫的单身住宅。以卧榻设计取代沙发，投影幕布取代电视墙柜，并以胡桃深色的谷仓门带出英伦空间氛围。

图片提供 @ 澄橙设计

空间质感 👍

1 以英式谷仓门取代实墙及电视柜：
胡桃木色的英式谷仓拉门带出英伦风，可开可合，用来分隔公私领域。因工作时间长的关系，业主很少看电视，但空闲时爱看电影，所以改由电动投影幕布取代电视机，搭配重低音喇叭装置及遮光窗帘，打造个人专属的家庭影院。

采光赞 👍

2 L 形大卧榻，猫与人的亲密空间：
客厅以卧榻取代沙发，下方可收纳，上方铺上软垫可随意坐躺，落脚处还贴心斜切内缩 45 度，成为喵星人的通道或小窝。卧榻延伸至窗台，配置活动茶几，成为业主看书、喝茶、逗猫的好地方。

以书柜壁纸营造景深：在卧榻背墙贴上书柜图案壁纸，除了营造出空间的视觉景深效果外，还能呼应慵懒轻松的空间风格。

收纳 👍

3 **双面柜，兼具隔离与收纳功能**：延伸卫浴间的墙面，整合成可容纳冰箱的双面橱柜，面向餐厅的一面为电器兼餐橱柜，背面则为主卧展示柜。客厅天花板保留水泥质地，餐厅、厨房天花板则将空调及管线包覆压低，以界定空间。

05 用光与空间，创造亲子天地

人员组成

家庭成员 夫妻 2 人 +2 个孩子
设计亮点 多功能木窗框

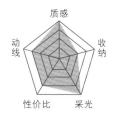

亮点分析

质感
动线
收纳
性价比
采光

　　原本看似平凡无奇的四室二厅格局，以亲子互动同乐为空间设计理念，将客厅后方的卧室以环绕式动线与客厅区做串联，并通过特殊的木窗框规划出游戏平台、卧榻、收纳柜体等功能区域，多功能空间也根据收纳箱尺寸做出精确的规划，加上可弹性增加的门片等贴心设计，让空间成为极具乐趣的亲子乐园。

　　图片提供 @ 尔声空间设计

美感 👍 功能 👍 空间质感 👍

1 木窗框化身游戏平台：客厅落地窗前规划一面桦木打造的大窗框。一方面，低矮的平台主要作为孩子与父母玩乐使用，同时也具有弱化建筑铝窗金属感的效果。另一方面也利用右侧横亘巨大梁衍生的高度，巧妙增加了 8 个收纳柜体，深度皆达 40 厘米。

功能 👍

2 预留尺寸，游戏室变书房：这间多功能游戏空间的终极目标是书房，目前虽然都是开放式设计，但皆预留好装设门片的空间，今后能变成封闭式书房。

收纳 👍

45 度导角、抽屉收纳让房屋的功能性更强：木窗框平台一路由客厅延伸至多功能空间，发展出卧榻使用，窗框侧面特别以 45 度导角设计，让双脚能舒适地斜靠。卧榻下的收纳则调整为抽屉形式，推拉即可使用，更便利。不仅如此，卧榻浅色木皮侧墙内，也隐藏了收纳柜，并将弱电箱整理在内，让零碎角落变得更加实用。

满足生活上的特殊需求，
创意巧思不可少

家庭成员 3 人

设计亮点 隐藏式香案、开放
式厨房＋餐厅、架高收纳

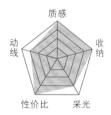

06 清爽白色，营造简约空间

　　这间 40 年的老房，原格局较为拥挤与阴暗，在打通
厨房后，从厨房台面延伸出一餐桌，不但让格局配置更为
合理，也能顺利地在 70 平方米的空间里容纳 3 间房。业
主有在家中摆放香案的习惯，几经思量后选定客厅沙发
旁的位置，通过柜体的伸缩式设计，将香案收于其中。
此外，业主一家有许多物品，设计师除竭尽所能配置柜
体外，也适时融入架高处理，借此向下争取置物空间以
满足使用需求。

　　图片提供 @ 瓦悦设计

1 微幅调整改善老房子问题：打通厨房实墙，并将台面向外延伸与吧台连接，在完善厨房、餐厅设计的同时，也让家变得通透明亮。此外客厅中有两道粗梁经过，在天花板中加入斜角设计，让空间有了向上提拉的效果，也加强空间的宽阔性。

2 设计让家居风格更统一：因业主有摆放香案的习惯，这可能会破坏家居风格的统一，经过讨论后，决定将香案配置在客厅旁的空间，并通过隐藏手法，同时辅以伸缩设计，完美解决问题。

收纳 👍 空间质感 👍

3

善用地台向下争取收纳空间：为了提升书房空间的收纳量，设计师除了在空间两侧配有立柜外，还采用了架高手法，向下争取收纳空间，只要翻起掀板即可放置物品。

功能 👍 采光 👍

4

空间虽小，应有功能一应俱全：在主卧空间不足的情形下，设计师尽可能配置各项功能，除了床铺、衣柜外，还加设了卧榻区和化妆台，使得小空间也能满足主人生活所需。

人员组成

家庭成员 夫妻 2 人 +2 个小孩
设计亮点 风格电视墙、书柜

亮点分析

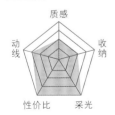

07 电视墙隔一半，空间立刻大两倍！

　　由于业主偏爱清爽的工业风格，设计师便利用了工业风的基本元素，如黑铁和砖墙，同时刻意添加木头材质和不同层次的颜色，使印象中较为粗犷豪放的工业风也能有温润和细腻的感觉。夫妻两人皆为老师，根据两人的阅读习惯，把书房纳入公共空间，满足需求的同时也让家居看起来更宽敞。

　　图片提供 @ 子境空间设计

1 一半的电视墙刚刚好： 为使开放式的书房与客厅融为一体，设计师采用仿石砖和深色木材，建造高度只有 1.5 米的电视柜，使光线更通透，视野更开阔。

2 纤薄有强度的 3D 书墙： 铁件、木材与烤漆三种不同颜色与材料的书墙，辅以间接照明光线的交互作用，打造独一无二的空间端景。

3

转弯的玄关柜收得巧：以玄关柜作为玄关和客厅的分隔，从墙面延伸至立面，收纳的隔间有深有浅，内部还能随需求调整层板的配置。

4

一曲收纳"滑"尔兹：长约 3 米的书墙添加了白色推拉门，将零碎的生活用品收得干净利落，该设计在呼应柜体的黑白色调之余，也可自由调整柜面风景。

人员组成

家庭成员 夫妻 2 人
设计亮点 隐形式收纳空间

亮点分析

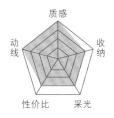

08 和室地板下的聪明小"洞"作

　　面对着绿意盎然的山景，念旧的赖先生和赖太太希望将简朴自然的生活形态移植到新家当中，因此以"高原"为概念设计了架高的客厅与隐藏式电视柜，部分老家具也都照常使用，在新空间中展现怀旧氛围。

　　图片提供 @ 日作空间设计

1

里外收放自如的中岛：把客厅、餐厅相互开放，纳入远山景致和自然光线，中岛不仅可作为料理台，外侧还可作为书柜，而内侧则是设备柜。

2

超薄型展示收纳端景：钢琴和唱片架是男业主工作必备，为避免该墙面因物件陈列而显得呆板，设计师采用薄型铁片贴木皮的长型展示层板，更能增添视觉美感。

3

环状动线联动收纳空间：把中岛和餐桌串联，形成环状动线，如此，相平行的壁柜在玄关、餐桌、中岛至厨房等不同区域都有完善的收纳空间。

4 **客厅从侧边收到下边**：架高约20厘米的榻榻米铺设出客厅地面，下方开放式的隔间放置室内拖鞋、网络存储器、路由器等，整面书柜和电视也可用门片隐藏。

5 **悄悄隐藏复杂的线条**：电视墙规划以活动式收纳门板呈现，简化量体的存在线条，将屏幕悄悄隐藏起来，维持墙面的干净纯粹，让起居重心不再聚焦于视听娱乐，回归于生活的本质。

人员组成

家庭成员 夫妻 2 人
设计亮点 全室收纳设计

亮点分析

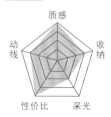

09 斜面设计小细节带来大安心

　　业主希望居室中既有怀旧气氛，又有缤纷色彩。于是设计师通过光与木质的搭配，佐以复古元素阐述岁月痕迹，粗犷与细致的交织，打造出充满温度的生活场景。

图片提供 @ The Moon 乐沐制作

1

兼顾功能与实用的铁件黑板墙： 整面电视墙以复古红砖砌筑，并在上面喷白色水泥砂灰营造粗犷感，同时呼应天花板的水泥仿饰漆料。餐桌主墙以大小不同矩形铁件黑板分格处理，除了是留言墙外，也遮盖弱电箱。

动线 👍 功能 👍

斜面功能把手化解夹手问题： 廊道隐藏各空间门片，以统一视觉感。但考虑到门片开合时的 90 度断面易夹伤手指头，因此门片立面设计成 45 度斜角，让开合时手指会因门片坡度惯性移动而不易被夹到，同时因突出接缝成为廊道由内望外的立体层次风景。

隔间、收纳的双面柜体：为了满足老人家的要求——玄关必须放置阻挡物，因此利用双面柜体做隔间。柜体除了是餐厅的餐橱柜、酒柜及展示柜外，还是玄关的鞋柜、衣柜及置物柜，并用钢筋构成玄关穿鞋椅，使得功能更完备。

红色活动门片决定隐藏或展示：主卧床头采用开放式隔间设计，且让出一小块区域，作为业主专属的毛绒玩具展示地带。床头后为更衣、化妆区域，并通过活动红色门片及简易的柜面线条，让收藏装饰化为视觉主角，清新、趣味又极具设计感。

人员组成

家庭成员 夫妻 + 爷爷奶奶
+ 2 个小孩
设计亮点 是屏风又是书柜
+ 书桌

亮点分析

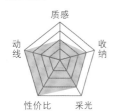

10 三代同堂的工业风 loft，既具个性又实用

　　年轻业主强调："我要重口味的工业风！"在格局不更动的前提下，设计师特意裸露风管，植入木质天花板，用当代手法加以结构再设计。因为三代同住，家中老人往往会有一些禁忌。为解决一楼开门见灶的问题，设计师在沙发背后安置了屏风式的轻隔间，材质延续工业风常见的深色木材质与铁件，同时加入业主想要的电脑桌，让空间功能更强大。

　　图片提供 @ 子境空间设计

功能 👍 空间质感赞 👍

1 与屏风连接的隐形书房：不同角度串接的木片造型屏风兼具书柜的功能。宛如艺术品般的层板和书桌与屏风浪漫地融为一体，成就了客厅与厨房间的隐形书房。

动线 👍 美感 👍

2 梁柱之间的层板：利用梁柱的位置增加立面壁柜，同样的材质乍看仿若一体成形的 L 形柜体设计，这些层板也成为公私领域的巧妙分界。

空间质感 👍

3 重工业风的质朴感：楼梯墙面全面使用灰色砖贴附，与天花板的淡灰色和空间的水泥质地交相辉映，成就了一个三代同堂的舒适而与众不同的居住空间。

家庭成员 **1** 人
设计亮点 照明、动线设计

亮点分析

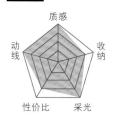

11 让光线加倍，居住更舒服

　　二室一厅的房屋格局，以微小的变动，就能获取空间及功能的最大化。用一面两侧通透的电视墙取代实墙，结合玻璃推拉门、帘幔的弹性隔间概念，让空间呈现可自由走动、不受拘束的流动设计，一个人住宽敞舒适，就算有朋友来访或是未来成家，也能通过推拉门与帘幔的使用将卧室转换成独立私密的空间。

　　图片提供 @ 合砌设计

2 可收纳床架让空间使用更灵活：以维持空间的弹性以及开阔性为首要考虑因素，卧室采用可收纳式的床架设计，需要时再放下使用，未来朋友来访也能变更为娱乐活动室。床架两侧则设有衣柜、展示柜等收纳空间，提高空间的功能性。

1 巧用欧松板（也叫定向结构刨花板）书墙打造空间屏障：在此住宅的原始格局下，走到卫浴的动线不是很流畅，若全然的开放又面临入口对着浴室门的问题，于是利用书柜巧妙化解，同时做出自由走动的环绕动线。

3 回字形动线让房屋宽敞明亮：原本主卧室动线较为迂回，考虑房屋面积不大、加上业主目前一个人居住，因此将客厅和卧室之间的隔墙拆除，改以电视柜墙作为分隔，墙两侧为玻璃推拉门，让卧室光线也能到达客厅，回字形的生活动线大大提升了空间的宽阔性。

人员组成

家庭成员 独居老人
设计亮点 专为银发族打造
的无忧住宅

亮点分析

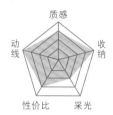

质感
收纳
动线
采光
性价比

12 格局变简单，功能更贴心的养老型住宅

　　年迈的业主周妈妈婉拒子女邀请同住的好意，把老房子当成自己的老伴一起共度余生。设计师保留老屋的部分外观，大刀阔斧地改动格局，把最适合招待朋友的餐厅挪到长型格局的前段，以小型中岛吧台连接餐桌，使主客互动更方便；取消客厅的存在，在屋子中央安置洗手间和衣柜，最末端为仅有睡觉功能的卧室。一系列贴心设计为周妈妈量身打造出这间温馨又全能的养老小屋。

　　图片提供 @ 日作空间设计

1 **木质地板＋地暖更贴心**：周妈妈不喜欢穿拖鞋，以复合木地板取代一般瓷砖，在卧室和浴室的地板下都加配地暖设施，确保冬季室内温度。

2 **人造石零死角贴覆计划**：特殊表面处理的人造石不只贴覆于厨具中段墙面，连左右墙面都贴满，以打磨的处理方式达到无接缝效果，清洁起来轻松不费力！

3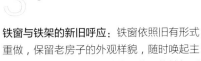

铁窗与铁架的新旧呼应：铁窗依照旧有形式重做，保留老房子的外观样貌，随时唤起主人的美好记忆。与入口处的现代风格铁架形成相互呼应的年代感。

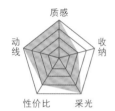
13 开放空间，无处不巧思

　　业主纪先生和纪太太当初因喜欢新居的僻静与大学校区旁生活的便利性，于是买下了这座房龄高达 50 年的老房子。只是因久未居住，空间、动线格局甚至风格设计等几乎都要重新打造，于是设计师打破了原本的内外界限，扩大了公共区域，让全家人可以无障碍地共处一室。私密区域则别出心裁地设计一个对内窗，就算在卧室也能和家人保持互动，整体创造出空间宽广却零隔阂的居家天地。

　　图片提供 @ 合风苍飞设计工作室

1

地面架高串联室内外： 设计师还将落地窗内外 50 厘米处以木材架高，这种仿日式设计可让人在此自由坐卧，也打破了内外界线。此外，户外树荫可形成自然屏障，减少西晒且强化隐私性。

2

房间的对内窗能随时互通有无： 中通式的空间规划能直向串联房间，2 楼房间采取挑空手法创造"对内窗"，对外看到绿意，对内能与家人互通信息。

人员组成

家庭成员 3 人

设计亮点 电视柜、中岛吧台、床架

亮点分析

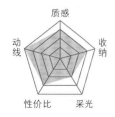

质感

收纳

动线

性价比

采光

115 平方米的空间经过调整，将 4 室改为 3 室，让主卧室、儿童房、书房的空间大小更适用，还在主卧中配有更衣室，让功能更强大。公共区域部分，因环境中有横梁经过，设计师辅以假梁与原梁整合，采用虚实交错的设计，并以仿饰水泥砂浆来做勾勒，成功地修饰横梁的突兀感，也让空间中的线条脉络更清晰。

图片提供 @ 维度空间设计

1 悬浮电视柜突出清爽感：由于业主期盼空间里的每一个设计都具有实用功能，于是设计师在电视背景墙上设置了一道电视柜，借层板线条加深造型美感，另外柜体也采取不落地形式，以突出设计的清爽感。

收纳 👍

2 中岛吧台让厨房身兼小餐厅功能：厨房空间被打开后，除环境变得明亮之外，设计师还在其中加了一个吧台，以及几张高脚椅，这儿瞬间就能成为一个简易餐厅，相当于替厨房附加了另一个功能。

3 别具用意的床架设计：因业主本身有许多藏书，为了给它们提供足够的摆放空间，除了空间中固定式的柜体外，就连床架设计也别出心裁，床架下方有层架设计，除便于收纳书本外，也相当好拿取。

收纳 👍

79

人员组成

家庭成员 夫妻2人+1子
设计亮点 开放式隔断

亮点分析

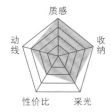

15 门片开合突出功能性与互动性

　　这间狭长形的房子，原本进门后是餐厅，餐厅旁边是一个封闭型厨房。考虑到业主希望家人间能随时互动，设计师对格局重新做了微调，打开隔间规划中岛厨房，让公共厅区获得开放空间。客厅挪至内侧，和游戏室之间的隔断以玻璃折门打造，这样父母待在客厅、餐厅就能看见孩子玩耍的动态。另一方面，通过隐藏、复合等手法设计的书房，既满足业主实际使用需求，又能充分发挥空间平效。

　　图片提供 @ 馥阁设计

1

身处客厅就可全方位观察：为了方便夫妻俩随时看顾幼儿，同时打造亲密的亲子互动空间，设计师将厨房打开与客厅、餐厅串联，同时将客厅与餐厅的位置对调，游戏室隔间选用玻璃折门，平常完全开启时，在客厅、餐厅都能看见孩子的一举一动。游戏室临近窗户的墙面特别选用黑板漆刷饰，让孩子能尽情涂鸦，其他墙面则维持浅色调。

2

书房收进柜内超利落：设计书房不一定得预留一个专属空间，从鞋柜延伸一致的深度中也能将书房纳入，并以开放式书柜作为区域划分，通过推拉门开合即可使用或隐藏，电脑主机预先规划于右侧柜内，线路则经由洞洞板衔接，上掀式桌板内还可放琐碎的文件，桌子侧面甚至可直接悬挂包包，每个细节都充满巧思与便利性。

PART 3

好收好用省空间！大收纳功能设计妙招

整洁有序的收纳空间是美好生活不可或缺的基础，规划家居收纳的时候，不仅要考虑美观，还要考虑实用性

设计重点：搞定收纳！家里空间自然放大

警惕：收纳空间不少，却使用低效，无法满足需求

图片提供 @ 构设计

需求没抓对，运用大受限

解决办法
儿童生活空间需要更适切的规划

不少家长在规划儿童房时，是以"能够静下心用功读书"作为首要考虑因素，因而少不了标准化书柜、书桌，然而成长中的孩子更需要的是足够的活动空间，还需要能依个性喜好、体形作弹性变化的家具，这样才能满足每个成长环节的需求。特别是收纳柜尺寸也需先考虑居住者身高、体形，让孩子能在玩乐中养成收纳好习惯。从这个角度来讲，开放式层架比封闭式层架更难维持整齐；专门收纳杂物的抽屉柜收整的难易程度又优于格式橱柜，能提升拿取、放置的便利性。

図片提供 @ 尤哒唯设计

　　小户型住宅常在主卧之外另搭配面积较小的客卧，此间放置双人床显得太窄，放置单人床又相对浪费空间，设计师常会设计架高地板，下方增加收纳，一举两得。然而在搭配其他桌椅的情况下，需要考虑使用时是否与其他家具相冲突，特别是抽屉式收纳需考虑抽轨五金的长度限制，通常 50~60 厘米为佳，也需保持抽屉前方 50~60 厘米的使用空间。"上掀式"地板柜的设计较不受家具空间的限制，但需要考虑地板结构的安全性与承重性，建议宽度设定在60~90 厘米。

　　家中总有某些说大不大说小不小、边边角角不完整的零碎空间，若少了规划，往往成为随意堆放杂物的角落，或白白浪费了空间，若应用得宜，则能有效提升平效。家中常见的零碎空间与运用方式，不妨参考下表。

窗台下方	可作为卧榻平台，下方可做收纳柜。
卫浴的洗手台墙边凹槽处	架设层板增加洗浴物件的放置空间。
空间角落	四方空间中的角落以层架、三角柜体的架设最能做多元的运用。
楼梯周边	楼梯下方的运用十分多元，视空间大小、深度可做电视墙、书柜等，也可直接做封闭型门片包覆住复杂线条，内部也能作为大型电器、物件的收纳空间。
梁柱空间	房屋的梁下、柱旁空间形成难以运用的零碎地，可以运用假柱修饰，内包收纳等手法加以设计，如此也能淡化梁柱线条带来的压迫感。

收纳空间这样规划，
家才会整齐

01 用极简设计包容复杂收纳空间

人员组成

家庭成员 3 人
设计亮点 电器柜、储藏室

亮点分析

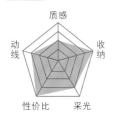

质感
收纳
动线
采光
性价比

此案例中，房屋面积仅有 43 平方米，却又得在有限的环境里配置足够的功能。于是，在需求确定后，除了配置具有强大收纳功能的电器柜、鞋柜、浴室柜外，设计师还利用环境挑高优势，再创造出 2 间卧室与 1 间储藏室。整体色调以白色系呈现，收纳则有条理地安排在各空间中，很多设计看似简单，其实背后设有满满的置物功能，通过这种方法成功打造出一个清爽的生活环境。

图片提供 @ 倍果设计有限公司

1

超强空间利用，好拿又好收：设计师善于利用空间，除在电视墙后方规划了另一间卧室外，还配置了书桌区以及吊柜。卧铺区旁规划大型衣柜，提供充足的收纳空间，拿取物品也很便利。

2

收纳 👍

顺应环境打造实用电器柜：原本的厨房空间较小，收纳空间不足，但因业主还想加入其他厨房家电，于是设计师顺应厨房环境再增设出电器柜及抽屉式的收纳，以系统方式收纳厨房用品，同时使环境更干净。

3

一应俱全的鞋柜与杂物收纳柜：为了让空间的收纳功能更完善，设计师在入口处便配置了鞋柜，并将电源箱隐藏于鞋柜内。卫浴间旁边也规划了杂物收纳柜，柜体大部分为封闭式，另一部分则采用无门片设计，一目了然好拿取，使用上也做了清楚的分类。

4

功能强大的更衣室设计：沿着楼梯而上，采用复合手法将一边规划为卧床区，另一边则设计出更衣室。更衣室收纳功能包含吊挂衣物的衣杆设计，以及抽屉、层架等形式，让置物功能更多元。

亮点分析

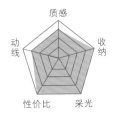

02 化收纳为无形，隐藏设计把空间变大

　　面积为 99 平方米的居住空间，原本配置了 4 个卧室，却没有用餐空间，于是设计师将厨房旁的卧室取消，以中岛吧台结合餐桌打造实用完整的餐厅区域，同时保留原有一字形的厨房形式，延伸创造电器柜、冰箱收纳，在微幅调动格局的前提下，满足一家四口的收纳需求，并运用色彩、线条的变化，以及自然素材，给予业主自然清新的生活氛围。

　　图片提供 @ 寓子空间设计

空间质感 👍

1 **巧用谷仓门，完美隐藏家中杂物**：紧邻电视主墙、位于餐厨交界的动线转折处，特别以谷仓门作为视觉立面设计，看似为造型墙面，实则隐藏收纳柜体及冰箱。

功能 👍 收纳 👍 采光 👍

2 **临窗卧榻不只赏景还可收纳**：主卧室拥有舒适的面山景致，原始零碎的窗边结构，经过巧思规划为休憩卧榻，让夫妻俩有置身大自然般的轻松惬意之感，且卧榻下具备丰富的收纳功能。

功能 👍 收纳 👍 空间质感 👍

3 **转角壁柜及中岛创造超强功能**：取消一个卧房赋予一家四口舒适宽敞的用餐空间，中岛结合餐桌的设计概念，不但多了轻食烹饪功能，而且中岛两侧也尽是满满的收纳空间。有趣的是，利用餐厅、厨房的隔间墙嵌入造型壁柜，是实用的食谱书架，亦是收藏杯盘的绝佳展示舞台。

看不到却绝对需要的隐藏式收纳设计

想要善用家里的每寸空间，想要完整规划最佳收纳量，除了看得到的各式层架柜体，隐藏式收纳设计能简化柜体线条，同时能包覆杂物的凌乱感，好收好整优点良多，只是设计上仍须注意以下要点。

重点 1 避免窄化空间视野

要进行隐藏式收纳设计的规划，建议安排在居家的客厅、餐厅等公共区域，因为这些地方能呈现宽敞开阔的质感，同时能避免杂乱无章的视觉感受，而隐藏式的收纳柜可与墙面设计融为一体，更能呼应设计风格。

但若是卧室内部则应就空间条件来调整，空间若足够可以运用隐藏手法来设置更衣室，相反，若小空间来用太多密闭柜体就像墙面一般，易为空间带来压迫感，居住时也会使人感觉狭窄局促。

重点 2 开放与隐私空间须巧妙切换

收纳杂物的储藏空间由于内容物件较为复杂，很适合做隐藏式收纳设计，若能规划在零碎角落、走道、隔间等处，则更能善用家里不容易使用到的区域，但并不是每项物品都适合隐藏收纳，如能时时欣赏把玩的收藏品，经常性取用的书籍等，则可运用开放型展示的方式陈列，提升家居的功能性。

重点 3 容易形成乏味空间

虽然隐藏式收纳的目的在于让空间显得单纯简约，避免多余的元素或复杂的环境造成视觉上的杂乱，但在线条比例、色彩比例等方面应拿捏得宜，并非全部留白就是最好的，大面积的单一白色容易显得房间单调，更易凸显了原本应该"隐藏"的门片线条。此时，不妨运用跳色展现空间立面的层次，同时配合建筑结构规划隐藏式收纳空间，这样维持空间线条的简洁同时兼顾视觉美感。

重点 4 隐藏式柜体的小地雷

规划隐藏式的家电收纳需特别留意，规划前应先将管线配置妥当，出口预留好，这样才不会在使用时破坏了外观的设计。对于视听器材的收纳柜，柜体应设计散热孔，方便电器散热，也便于日后维修的拿取。虽然隐藏式收纳的收纳量大且能善用空间，但若缺乏完善规划及五金细节的设计，则有可能成为看不到也用不到的空间。

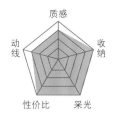
03 多面向柜墙设计，释放宽阔空间感

这间 3 室 2 厅的 99 平方米住宅，既要满足一家四口的众多杂物收纳，又要保持空间的干净清爽。设计师在公共厅区利用整合集中手法，围绕着客卫隔间设置大型收纳柜体，同时在柜体上纳入餐椅功能。卧室内也置入卧榻设计，既保有通透舒适的日光，又能增加储物功能。

图片提供 @ 寓子空间设计

1 整合柜墙创造极致收纳：考虑玄关
左侧与客卫格局的关系，利用结构
墙面的落差规划出鞋柜，转折至餐
厅区域衍生出餐椅、各式储藏柜、
酒柜等功能，达到极大化的收纳，
同时将客卫门片巧妙修饰。

2 蓝绿书墙创造吸睛跳色：以座
榻概念打造的餐厅，不仅能用
餐，也结合阅读功能，一旁的
书柜特别选用蓝色为背景，搭
配黄色玻璃，在整体米白、浅
木色基调下更为抢眼独特。

人员组成

家庭成员 1 人
设计亮点 整合收纳柜

亮点分析

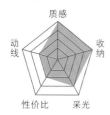

04 精算收纳，让置物功能更多元

本身是专业舞者的业主，希望家的设计不复杂且能融入木料元素，于是设计师将收纳集中于餐厅和玄关区，并通过木材质来做呈现，从造型天花板到收纳柜，都保有木材的温润感，同时也提供完整的置物空间。最特别的是餐厅区的柜体，因业主不想要标准化的红酒柜，再加上还有其他置物需求，于是设计师将功能整合，并在其中纳入不同形式的设计，且门片以实木酒箱制成，别具一格，更能满足业主的多重需求。

图片提供 @ CMYK studio 分寸设计

1 移动式展示柜用来摆放个人收藏：由于业主不喜欢家里的设计太过复杂，于是设计师打通家中的各个空间，同时还打造了一个可移动展示柜，好让主人从各地带回来的纪念品有一处展示舞台。

2 独一无二的红酒柜：为了打造独特的红酒柜，设计师与业主合力收集实木酒箱，将酒箱上独特的图腾经裁切后做成门片，其中一片还烙印上业主舞团的图案，这样不仅满足了业主在功能上的需求，还带有其独特的风格烙印。

3 **按需打造的收纳柜**：设计师一改过去整面做柜体的习惯，精算业主实际的收纳需求后，在玄关配置一个顶天柜体，除了能摆放鞋子外还能够摆放其他生活小物。木作柜体也没有完全落地，底部稍稍悬空以增加柜体的轻盈感。

4 **不多不少，小巧刚好**：在卫浴空间较小的情况下，收纳规划得格外留心。洗手台下的收纳柜体以及少部分吊柜刚好满足业主的收纳所需，既不让空间显得逼仄，又能够摆放下卫浴中的各种物品。

人员组成

家庭成员 1 人

设计亮点 摄影墙、更衣室

亮点分析

05 33 平方米功能大套房，展示收纳全搞定

　　仅 33 平方米小空间，如何满足单身女郎的多种居住需求？身为老师的陈小姐买下这间 5 年二手房后，发现原本格局阻挡自然光，因此找来设计师协助规划出一间工业风格大套房，不但拥有书房、客厅、睡眠区域及超大浴室，还要多出一个更衣间。而且因空间小，收纳更是要精简，依空间配置将收纳集中，并通过架高木地板分隔睡眠及公共区域的通透设计，让陈小姐每天迎着阳光醒来，每天生活在明亮的居室空间内心充满幸福感。

　　图片提供 @ MUSEN 慕森设计

1

根据功能将收纳集中，化于无形：
左侧浴室墙面设置高柜，放置业主的大型防潮箱，开放式层板则架设蓝光机和音响，并利用浅色系面材减轻视觉疲劳感。睡眠区与客厅以蓝绿色双面柜体搭配订制铁件分隔空间，铁件也可吊挂物品或小盆植物。

2

零碎空间的半开放式更衣室： 根据业主的需求，设计师加大了浴室空间，使得主卧通往阳台空间有一块零碎地，于是将它规划成业主的更衣空间，胡桃木色系统柜体及下沉 10 厘米的阶差，不用门片或布帘即可拥有足够的私密性。

3

摄影展示墙：业主很喜欢摄影，因此在预算有限的情况下，利用钢线晾衣架及洗衣夹，在客厅沙发背景墙营造一处能展示摄影作品的墙上面，不但能拉出空间线条，也呼应全室的钢构铁件设计风格。

4

复合式书桌兼吧台，玄关柜兼餐柜：由于业主会带学生作业回家批改或备课，所以在进门处规划复合功能的书桌兼吧台区，并巧妙让玄关鞋柜与餐柜结合，提供完整收纳功能。吧台桌上方的灯具兼具吊柜功能，方便业主陈列家饰及咖啡用具。

掌握细节，
满足收纳与舒适的双重需求

人员组成

家庭成员 2 人
设计亮点 展示柜

亮点分析

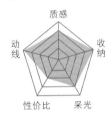

06 巧用内缩手法，小空间也能尽情展示个人收藏

由于这个空间仅有 43 平方米，除了基本的格局配置外，业主李小姐还希望能有陈列个人丰富藏品的空间。因此，空间中多数的展示柜均以内缩手法来进行呈现，既不影响使用环境，收藏品也得以被展示出来。另外，设计师还选择向上争取空间，将部分的展示柜安排在人的视线水平轴上，让各类收藏品有自己的归属空间，且不占用各个小环境的使用面积。

图片提供 @ 维度空间设计

1.

展示柜落于视线水平轴线上：担心柜体太多会影响使用环境，设计师于是选择将展示柜配置在使用者的视线水平轴线上，一来向上争取空间以满足收纳需求，二来也不占据使用空间的面积。

2.

巧用内缩手法解决庞大的陈列需求：如果在小空间内摆入大量的展示柜，肯定会占用很多空间，因此设计师采用逆向操作手法，改以内缩形式表现展示柜的设计，向梁下或墙内找空间，这样不仅少占面积，还有效地解决业主庞大的陈列需求。

人员组成

家庭成员 夫妻 2 人 +2 儿童
设计亮点 收纳空间

亮点分析

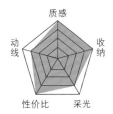

07 收纳空间随功能联动而生

由于女主人希望能随时与家人互动，男主人也希望能时时陪伴孩子，于是设计师以开放式设计来规划空间。开放空间中收纳的配置很重要，一旦多或复杂，就很容易影响到使用的便利性。于是，设计师采用的让收纳随功能联动的手法，如客厅书桌区一带的书柜、电视柜双重收纳设计，半开放厨房台面下的收纳空间，以及餐厅的餐柜、书柜等，都可以巧妙地将收纳与生活的功能性相结合，使用便利且不会影响到空间的功能。

图片提供 @ 禾光室内装修设计有限公司

空间质感赞 👍

1 **交叠、串联出独特的收纳设计：**客厅窗边一隅规划为书房阅读区，设计师以串联、交叠方式创造出独特的收纳设计，部分可独立收放书籍，部分又可作为电视柜的延伸。

采光赞 👍

2 **根据电器尺寸设置适合的电器柜：**由于女主人很喜欢下厨做饭，为了满足她摆放各式厨房用具与家电的需求，特别在餐桌旁设置了一个大型的电器柜，开口尺寸都依各电器尺寸提前设置好，各式各样的家电都能被轻松收入。

收纳 👍

3 **好收纳让生活更便利：**设计师考虑到油烟问题，将热炒区以玻璃分隔，其余的台面、餐桌则以开放式设计为主。另外考虑到爱下厨的主人有不少调味品、餐具杯盘等，因此特别在台面下方规划了充足的收纳柜，使主人在烹饪时顺手好拿，用完也能轻松归位。

家庭成员 夫妻 2 人、2 个小孩
设计亮点 储藏空间及主卧

亮点分析

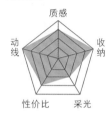

08 自然温润的轴线之家

　　从事景观设计的业主张先生，喜欢亲近大自然、喜欢旅行，因此买下这套 132 平方米的 3 室 2 厅商品房后，便开始规划如何在空间里承载一家四口的日常生活，并同时体现家人对生活品质的追求。通过设计师的量身打造，破除单面采光的问题，以穿透法设计并加大了房间开口，让光线进入室内每个角落。

　　图片提供 @ 尤哒唯建筑师事务所 + 聿和设计

收纳 👍 空间质感赞 👍

1 城堡般的圆形储藏室：通过合理规划空间使用比例，在客厅、餐厅及书房之间的转角处设计了一个如城堡般的圆形储藏室，用来承载公共区域的家电或杂物收纳。

功能 👍 收纳 👍 采光赞 👍

2 是柜，是床，也是墙的隐形收纳：将儿童房的衣柜与书房推拉门设计成一个整体，并延伸至儿童房的架高床铺及书桌、展示层板等，为房屋带来大量的收纳空间。

收纳 👍

3 主卧床头组合柜区分五大功能：由于主卧空间大，因此通过床及床头组合柜组成 T 字中心，划分出睡眠区、阅读区及更衣区、化妆台、收纳衣柜等五大功能区，而沿着床组的回字动线设置，使用起来更便利。

超好用的
一站式整合收纳设计

09 一体成形橱柜设计，收纳空间多 2 倍

业主李先生因为工作及孩子上学的因素，在市中心购买了这间面积 83 平方米却有 3 室 2 厅 2 卫格局的学区房。业主希望能营造出家的温馨氛围，同时还需要大量收纳空间，以满足生活所需。另外，因女儿喜欢画画，所以家中要有陈列孩子绘画作品的地方。

图片提供 @ 采金房设计团队

人员组成

家庭成员 夫妻 2 人、2 个子女
设计亮点 卧榻及卧室橱柜

亮点分析

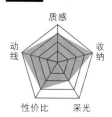

质感
动线
收纳
性价比
采光

功能 👍 采光 👍 空间质感 👍

1 电视柜延伸窗边卧榻收纳：空间小收纳应集中，因此将客厅电视机下柜延伸至落地窗成为 L 型卧榻，这样既可让主人舒适地欣赏美景，又能加大客厅容客人数。同时收纳功能也很强大，下方抽屉收纳物品，角落摆放装饰，层次更条理。且电视柜体做缺口设计，在降低压迫感的同时，还便于展示业主收藏品。

动线 👍 收纳 👍

2 隐藏式挂画设计：墙面顶端隐藏嵌入挂画线及沟槽，可视情况摆放孩子的作品。

2 玄关鞋柜成端景：悬吊式玄关鞋柜成为餐厅及走廊端景，底部刻意架高 3 厘米，可作为摆放外出鞋的区域，如此，鞋子不易乱放，也好整理。

收纳 👍

3 床柜桌一体成形，兼顾收纳与功能性：由于每个房间都小，利用系统柜一体成形将收纳及其他功能整合，包括床组、书柜、书桌、衣柜等，床下也可收纳。其中女儿的房间在书柜中夹入一可抽拉的化妆镜，以满足女儿使用需求。

人员组成

家庭成员 夫妻 2 人
设计亮点 厨房中岛兼餐桌

亮点分析

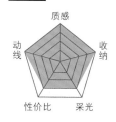

10 创造加倍收纳美宅

新婚夫妻的 76 平方米居所，因 2 人喜爱邀约朋友聚会，男主人擅长下厨做西餐而特别打造了一个以中岛餐厨为重点的区域。设计师将空间主轴放在中岛餐厨的规划上，并在大尺寸桌面下纳入餐柜、红酒柜，客厅侧墙则整合两座收纳储物柜，赋予空间完整丰富的生活功能。

图片提供 @ 尔声空间设计

1

活动横板让电视墙变展示墙：
有别于一般电视墙，设计师采用铁件层架做出立面的层次效果，并特意打造成电视机体的框架，有趣的是，铁件上规划了 8 片横板，可依据业主需求陈列收藏品，凸显业主生活品位。

2

展示墙两侧隐藏大型收纳柜：
看似深度较薄的陈列展示层架，其实两侧都是深 60 厘米的大型储物柜，特别将层架往前设计，丝毫感受不出柜体的深度，完美削弱柜体的厚重感。

家庭成员 夫妻 2 人 +1 个小孩 +3 只猫

设计亮点 主人与猫分秒不离的甜蜜窝

亮点分析

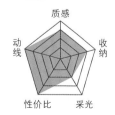

11 和喵星人同住的光感玻璃盒子屋

　　本案例为整栋的自建住宅，四楼专属一家三口和 3 只喵星人所使用，165 平方米左右的空间相当宽敞。为了帮爱猫打造同样舒适的起居空间，业主提出了玻璃猫屋的设计理念，设计师将之规划在公共空间的核心位置，这样在书房、客厅活动都可以看见猫咪的身影，以便全家共享生活的每个重要时刻。

　　图片提供 @ 子境空间设计

1 墙面设计为一道亮眼风景：该墙面为进入室内后最底端的一道风景，以深蓝色为底，用芥末黄的层板做跳色的对比设计，使墙面成为家里的亮眼风景。

2 喵星人的高级豪宅：玻璃猫屋占地约3平方米，以悬吊的柜体搭配不同高度的木层板作为多种形态的猫跳台，喵星人可在里面尽情玩耍。

采光 👍

收纳 👍

3 充分利用空间的转角柜：利用厨房转角的立面空间设置层板增加日常的收纳空间。

人员组成

家庭成员 4 人
设计亮点 双面柜、展示柜、
餐柜、电器柜

亮点分析

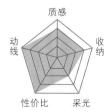

12 发挥层高优势，创造收纳好空间

这间老屋原格局并不理想，再加上业主个人收藏物品相当多，于是设计师找出格局优势，并从中巧用收纳设计，一改老屋容颜的同时也满足使用需求。如入口处以双面柜隔出内外，面向玄关一侧兼具鞋柜与穿鞋椅功能，面向客厅一侧则是完备的书柜。当然零碎空间设计师也善加利用，天花板上方或靠近地面处，也都做了层架、抽屉等置物设计，既满足业主的收纳所需，又独具便利性。

图片提供 @ 禾光室内装修设计有限公司

1 **贴墙而置的餐柜、电器柜：**以中岛吧台、餐桌为轴心的餐厨区，其环境中同样有许多物品要收纳，于是设计师沿墙配置了餐柜、电器柜，使得这些多种类的物品能够被有条理地收放整齐。

2 **单柜同时拥有两种定义：**为了不浪费空间平效，设计师在入口设置了双面柜，朝向玄关处作为玄关柜使用，朝向内部客厅的一侧则作为书柜使用，此外还根据不同收纳需求做了封闭和开放设计，均利于好拿好收。

3 **善于运用空间的每一处：**正因为业主有相当多的书籍、CD、DVD等收藏品，设计师便尽可能地从零碎处创造收纳空间，例如客厅旁的卧榻区，不只下方、柱体旁配置了满满的柜体，上方空间也将空调管线收得很漂亮。

家庭成员 夫妻 2 人 +2 个孩子
设计亮点 床头柜、玄关

亮点分析

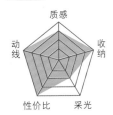

13 柜子、家具藏机关，生活超便利

面积 132 平方米的 3 室 2 厅二手房，除了调整格局让空间更为紧凑之外，设计师还在许多生活细节的规划上别出心裁，如玄关柜内不只有雨伞专属收纳架，甚至连积水的问题也设想周到，浴室墙面也预留收纳瓶罐设计，些微的泄水坡度，轻松冲洗就能恢复干净，空间也显得更为利落。

图片提供 @ 馥阁设计

1 **床头背面增设书桌更实用：** 有别于一般床头倚墙规划的概念，设计师将床头整合书桌，搭配可调式灯具，书房、睡寝区域都能同时使用，书桌内也配有隐藏式线槽，桌面可保持整齐又兼具便利性。

2 **玄关柜内藏雨伞挂架：** 想象着下雨天，拎着湿淋淋的雨伞一路走到阳台，地板上都是水渍，有多么不方便！设计师巧妙地在玄关柜内规划雨伞挂架，而且下方金属盛水盘也直接导入排水管，让生活更便利。

采光 👍

亮点分析

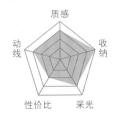

14 将收纳藏于功能区，既有空间立刻倍增

收纳是生活环境中必备的功能，为了不让物品占去过多空间，设计师选择将收纳藏于功能区，例如：入口处的玄关柜体、客厅卧榻区、儿童房的床头墙等，均可找到置物空间。此外，设计师反向操作，在主卧衣柜中则是将功能区收于柜体，借助利落线条打造简洁空间。

图片提供 @ 维度空间设计

空间质感 👍

1 柜体不落地、清洁更方便：玄关入口处设置了玄关柜，足以摆放鞋子与其他生活物品，另外也以不落地的设计形式为主，让清洁更为方便。自玄关开始以仿水泥纹砖铺设墙面，衬托空间氛围，同时也是串联走道、其他空间的衔接因子，让整体更具一致性。

功能 👍　收纳 👍　采光 👍

2 用卧榻设计包覆收纳功能：设计师在客厅旁规划了一个卧榻区，轻轻拉开百叶窗，便能坐在这里欣赏室外风光。设计师为了让卧榻还有其他功能，在下方结合抽屉形式，巧妙地将收纳功能藏于其中。

收纳 👍

3 收纳分门别类，拿取好便利：从床头墙衍生出的收纳柜设计，本身富含造型且具置物功能，轻松开启就能摆放相关生活物品。书桌旁的柜体主要作为摆放各式藏书之用，收纳分门别类，再也不怕找不到东西。

将电视、化妆桌收于柜体中：为了让主卧室在摆入双人床后，还能有舒服的行走空间，设计师将电视、化妆桌等一起规划于柜体里，借助利落的线条不仅将功能区设置得整齐、漂亮，也找回空间的宽阔度。

收纳物的尺寸及形式，影响着柜体设计，刚刚好的空间才能避免浪费。

完善收纳的大原则

收纳，不是以空间大小取胜，许多业主在与设计师沟通时，总把大收纳量摆在理想格局的第一位，然而如果收纳设计没有真正切合需求，或者缺乏完善的动线设计，就容易造成少用、不用或忘了用的情况！想要获得高实用性、高性价比的收纳，务必掌握好以下的规划原则。

重点 1 动线合理

单一空间规划收纳时，首先得问自己：要收纳什么？大约数量与形状尺寸？用途是什么？在脑中构建好你想收纳的物件后，再进行设计。原则上使用的物件最好就收纳在所使用的空间，这样收取才会方便，由于随时使用随时归位，东西不至于散落在每个空间中，整理起来也较为省事。像出入家门时穿的鞋、拿的包包、钥匙，就应该在玄关做好收纳的处理，才不至于来回奔波，或是忘东忘西，也不至因四处摆放而遗失。

重点 2 符合实际需要

在规划空间收纳时，得考虑到所收纳物的尺寸及形状，特别要注意收纳空间的深度问题。柜体深度太深或太浅，都容易造成不易活用的死角，反而容易浪费收纳空间。日常用品的收纳深度一般在30、45、60厘米，若能先了解收纳物件的尺寸大小，做统一的规格设计，则有助于收纳效率的提升。

重点 3 按家人习惯设计收纳

除了单人套房可以随着业主喜好而设计外，通常居家的收纳定位得视全家人的使用习惯而定，这样家中成员不但可以轻松拿取想使用的物件，使用完毕时，也很容易就放回应放的位置，不致出现少用或无用的空间。而这得依家人生活形式不同去做调整及更动，一旦更改了原本物件定位的空间，就要通知并提醒家人共同遵守，这也是收纳空间规划的重要原则。

重点 4 临时收纳的空间规划

很多人喜欢给家里的物件确定归属位置，却忽略了很多物件是需要随时使用的，并不能一直躺在收纳柜子里，如刚洗涤完的碗盘、遥控器、换下来还会再穿的衣服等，这些东西不需要立即放好但也需要安置的空间。由于这些物件较难有固定的收纳空间，经常会随意乱放，往往容易形成家中的凌乱角落。在规划收纳空间时，必须考虑到这些临时性收纳空间，并善用一些收纳筐或收纳箱加以归纳整理，这样就会更周全。

PART **4**

毫不费事！家居便利设计妙招

请记住：家是为人所用，为人服务的。如果考虑不周就会使用不便，漫长的居家生活中，你可能会沦为家的保姆

设计重点：聪明选材！让环境常保干净整齐

警惕：空间设计一味追求美丽，维护起来费时费力

图片提供 @ 分寸设计

家装败笔 1
装潢线条太琐碎，打扫起来非常累

解决办法
考虑生活模式才能避免日后清洁负担

　　许多业主在规划空间或家具配置时，往往疏忽了未来的打扫清洁，例如过低的沙发底座、柜与柜之间过窄的隙缝等，都会形成清扫的死角，长年下来会累积出惊人灰尘，若要彻底清扫就不免搬移，造成不便，因此在家具采购时就应考虑到未来清洁的便利性。此外开放式柜体适用于经常拿取的物品收纳，如果不常取用也容易堆积灰尘，对于没有习惯天天打扫的人来说，选择有门片的柜体将更为方便。

图片提供 @ 润泽明亮设计

家装败笔 2

白瓷玻璃亮晶晶，污渍可真不好清理

解决办法

卫浴空间设计宜避免霉菌堆积

对于需要天天反复使用的卫浴空间来说，材质的选用和细节设计都将影响日后的清洁便利性及使用年限，特别是没有对外窗或是不能长时间保持干燥的卫浴而言，在设计上要避免过多缝隙、细碎线条或死角。在重视设计美感的同时，这些实际而关键的重点不可忽视。此外，在卫生间常见的干湿分离设计中，浴门、浴帘是最容易滋生水垢、霉菌的地方，最好选用雾面玻璃材质取代亚克力材质，以减轻日后清理的负担。

片提供 @ 合风苍飞设计工作室

家装败笔 3

立体设计好高雅，问题一堆日后烦

解决办法

特殊设计须慎重选材，日后清洁打扫才能一劳永逸

若是考虑清理的方便性，家中天花板、墙面的设计就要以简单为优先考虑原则，减少繁复的沟缝才能减少灰尘的堆积，打扫也更为便利，特别是天花板位置高，除了减少凹凸线条的设计外，也最好避免使用过多接缝的板材。此外，家中天、地、墙最难清理也最易脏的莫过于易有油烟的厨房空间，装潢时更应挑选能耐油污且具防潮功能材质。

最省事！
一劳永逸的空间规划

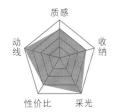

人员组成

家庭成员 夫妻 2 人
设计亮点 玄关鞋柜、阅读角

亮点分析

质感
动线
收纳
性价比
采光

01 隐藏海量收纳，简约清爽也好收

　　从事时尚工作的夫妻俩，拥有大量的衣物、鞋子，加上经常出国工作，旅行箱的使用频率高，如何好收好拿也相当重要。设计师利用柜体作为隔间，创造出丰富的收纳功能。由于房子为长型格局，原有玄关狭窄阴暗，于是在局部柜体、拱门、中岛厨具上贴饰亮面金属板，同时通过色彩搭配，以绿为跳色、点缀粉色单椅，营造出现代时尚的氛围。

　　图片提供 @ 尔声空间设计

1 用廊道打造超大鞋柜：将原有次卧隔墙稍微往后退，获取尺寸适宜的玄关空间。不仅如此，利用整面柜体作为隔间，让夫妻俩的限量版鞋子有了充足的收纳空间，中间镂空的平台后方则选用玻璃材质，让光线可以到达玄关，加上亮面金属板的反射，一改过去阴暗的逼仄环境。

2 半私密阅读角落：为满足业主工作中必须翻阅各式潮流杂志的需要，设计师同样采取柜体隔间的手法，通过鞋柜、书柜的交叠设计，巧妙规划出半私密的阅读角落，绿色柜体上下可放大量杂志，中间的开放式设计则可摆放最新杂志。

人员组成

家庭成员 夫妻2人 +2个小孩
设计亮点 加大采光及省钱的
自然材质应用

亮点分析

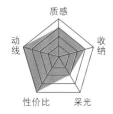

02 破除长窄户型限制，好窄也能变好宅

喜欢亲近大自然、旅行，强调生活质感的男女主人，平日也喜欢招待客人或做一些手工赠送给亲朋好友。买下这间狭长形的居所后，夫妻俩不知该如何化解长条动线。设计师通过强化轴线概念，将空间里的生活情趣全然串联，居室中以"线"为空间符号去展现夫妻2人的品位与喜好。

图片提供 @ 尤哒唯建筑师事务所 + 聿和设计

空间质感 👍

1 铁件与麻绳组合，带来穿透感：麻绳结合铁件的元素，无论是用在公共区作屏风或是用于私密的主卧天花板中，都让这生活的"轴"与情趣的"线"串联起来了。通过手工编织风与工业粗犷风的材质对比，交织呈现出自然的闲情与生活的野趣。

采光 👍 功能 👍

2 镀锌波浪板折射光源：为折射自然光源进入室内，设计师在电视主墙面引用铁皮屋常用的镀锌波浪板，并一路串联至玄关，整合鞋柜及平台设计，甚至与厨房台面相呼应。重点在于时间一久，日光与岁月在波浪板上留下的痕迹，将反映出自然的生活感。

采光 👍 空间质感 👍

3 欧松板反映业主对大自然的热爱：为了让业主在家中也有身处大自然之感，设计师在天花板上采用褐色手染的欧松板环保建材。通过错落的层次拼贴及灯光呈现，让天花板呈现活泼的视觉效果。

人员组成

家庭成员 2 个大人 +3 个小孩
设计亮点 各式花砖、六角
砖、地铁砖、石材、木纹
砖、铁件

亮点分析

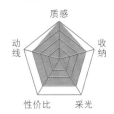

03 花砖拼接，怎么看都美

　　业主一家人希望给予家中幼小孩童安全无虞的生活空间，因此设计师采用开放式手法处理格局，将客厅、书房、厨房一一展开，让大人无论在何处都能观察到小孩的一举一动。另外，业主在过去的几次装修经验中逐渐形成了对于砖材的喜好。于是设计师通过不同的拼贴方式与搭配手法，将各式花砖、木纹砖等材质体现空间之中，借材质特色演绎家的独特温度。

　　图片提供 @ 唯光好室 VHouse

1 局部点缀凸显花砖美感：主卧空间里的花砖运用，设计师采取局部点缀来做呈现，分别散落在床头墙上，让墙面更有主题性，同时也能借墙面的单纯色彩映衬出花砖的美感。

2 混搭让厨房尽是焦点：厨房空间里，以混搭方式让工业风与乡村风相遇，同样也采用了不同的拼贴方式展现地铁砖、木纹砖、花砖等材质的独特风格。

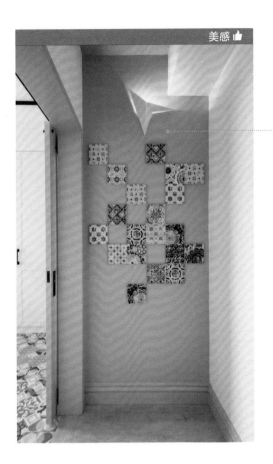

3

以砖材成就走廊端景：为了将业主喜爱的砖材发挥最大的运用，设计师在走廊墙上也利用花砖拼贴来做装饰，通过材质本身的图腾图案妆点空间，同时也成就了独一无二的走廊端景。

4

独特切割与拼贴，玩出石材新感受：卫浴墙面所使用的是石材，但经由设计师以独特切割技术切割成的六角形，再以砖材施工方法铺设后，不但玩出石材新感受，也与地砖碰撞出独特的质地火花。

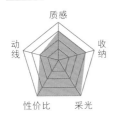
04 自然光就是最美好的居家照明

　　房主夫妇因临近退休年纪，于是在郊区购买这间99平方米的新居作为退休后生活的度假小屋。男主人喜欢泡茶，要求一间和室，女主人则希望收纳空间充足，因此设计师使用不同材质打造纯白色系居家，让空间可以倒映出不同时段的阳光，呈现休闲度假风。

　　图片提供 @ 采金房设计团队

1 利用大幅图画营造山水休闲氛围：为展现客厅的气势，设计师将业主最爱的欧洲风景照改成大幅图画贴在客厅，形成视觉焦点，未来更换或清理也方便。

2 利用和室营造休闲空间：角落的架高和室是业主喝下午茶、看书的最佳位置，纯白的格子推拉门使人有安全感又能引光入室。升降桌则可使空间使用更具弹性，收纳功能更完善。

造型门片展现空间小创意：隐藏门的树枝意象融合一旁的欧洲街景，衬托出环境的自然舒适。

3 善用面材表现空间层次：全室以白色为基底，但善用建材营造空间层次，例如电视主墙的文化石砖。

4 透明浴室＋窗帘，开放隐秘兼顾：透明的主卫虽然使主卧十分明亮，但顾及业主的使用习惯及隐私问题，因此规划窗帘调整：平日或帮孙子洗澡时可敞开，个人使用时则关上。

选对居家材质，
室内清爽又干净

人员组成

家庭成员 夫妻 2 人 +2 个
女儿及 1 个儿子
设计亮点 多功能吧台

亮点分析

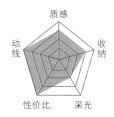

质感
动线
收纳
性价比
采光

05 复古时尚变化，用自然老红砖讲述家的故事

这个 5 口之家最大的烦恼就是东西很多，但实际配置的三室二厅，却没有空间可以好好收纳，于是设计师将原本餐厅区域作为收纳的整合区，创造出可三面使用的功能性柜体和储藏室，如此也能减少其他空间的柜体设置，释放出更多空间。

图片提供 @ RND Inc.

1

三面功能墙让家时时保持整齐：将原本餐厅的空间置入一个矩形隔间，创造出鞋柜、吧台、储藏室。有趣的是，从玄关穿过储藏室也可缩短动线进入厨房，特意选用的老红砖打造出如文化墙般的效果，注入复古时尚年代感的同时，也弱化隔间墙体的突兀。

2

零违和感的香案：由于香案必须规划在客厅电视墙一旁，运用铁件打造香案，可与现代感空间更为融合。后方墙面则延用天然老红砖材质做出半圆形弧度，妆点空间并修饰大梁，而老红砖下也不易凸显熏黑的污渍问题。

人员组成

家庭成员 夫妻 2 人
设计亮点 沃克板、复古六角砖、赛丽石

亮点分析

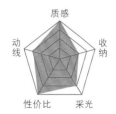

06 质感材质不只要美观，也要兼顾实用

　　该房屋平日只有夫妻俩使用，但偶尔也有亲友来访，为了让空间更具弹性，主体以开放式手法规划，并辅以弹性推拉门应对，使用起来更可随心所欲。正因开放格局，设计师为便于日后业主清洁维护，地面材质选择以超耐磨木地板、复古六角砖为主，需对抗厨房油污的中岛吧台台面选用赛丽石，这样通过简单清扫、擦拭就能保持生活空间的干净与整齐。

　　图片提供 @ 禾光室内装修设计有限公司

1 **相异材质区分空间属性**：入口玄关以复古六角砖为主，入室客厅、餐厅、多功能房均以超耐磨木地板为主，除了能够区分空间属性外，这两种材质也很好维护，简单清扫、擦拭，便能保持家的整洁。

3 **选择材质时，多考虑日后维护的方便程度**：厨房颜色与业主选择的深色系厨具设备相呼应，地面也铺设了相同色系的复古六角砖，便于日后清理。另外，中岛吧台台面也以赛丽石（一种橱柜台面材料）为主，同样也具备好清洁特性。

2 **别具设计巧思的沙发背景墙**：一部分保留实墙，一部分加入环保有机的染黑沃克板门片，共同打造出一间多功能房，门片开合之间既能替空间带来满室明亮，也能形成独立空间。

人员组成

家庭成员 1 人

设计亮点 墙面材质、系统柜体

亮点分析

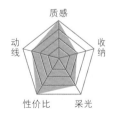

07 巧妙选材，不失品味又好维护

业主想要工业风家居，由于房屋面积不大，设计师在材质表现上试图放轻力道，以意大利烙印砖、仿清水模漆、铁件等做勾勒，既能映衬风格味道，日后维持也相当便利。由于空间属大套房形式，设计师通过家具界定各个小环境，整体虽然小巧，但生活功能却相当丰富。

图片提供 @ 一它设计 i.T Design

功能 👍

1 **烙印砖映衬风格又好清理：**空间以工业风为主线，设计师除了使用仿清水模漆元素外，也使用了意大利烙印砖，独特的字母图腾以及色泽质感，反映出业主独特的品位及个性，由于本身是砖材质的，维护、清洁也相当轻松容易。

动线 👍 挑光 👍

2 **让管线、健身铁管成为合理的存在：**为呼应极具个性的工业风格，设计师将水电管线、风管等，全走明管，这些管线在有秩序的安排下还能兼具美感。此外，为了让爱健身的业主能在家自主训练，也在天花板处加设了健身铁管，既不突兀又巧妙地融入环境。

功能 👍

3 **悬空造型书桌常保环境整洁：**设计师在有限的环境下，沿墙设计了一道弧线造型书桌，且规划为悬空形式，下方没有其他配置，这种设计有助于常保环境整洁，而选以木材质来表现，又能够与空间内十足的阳刚气息做一平衡。

人员组成

家庭成员 4 个大人 +1 个小孩
设计亮点 地板与墙面材质

亮点分析

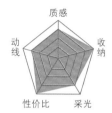

三代同堂的业主一家人经过讨论后，决定将公共区隔间拆除，改以开放形式呈现，不仅整体空间变得明亮，家人也能随时留意家中小孩的情况。由于业主喜欢日式风格中简洁的设计，设计师尽可能让空间线条趋于简单，再通过材质的交错运用加强氛围表现，既考虑到整体性，又纳入实用性，从玄关到入室后，处处可见不同材质的运用。此设计成为该空间的小亮点，使用维护上也不会造成业主一家人的负担。

图片提供 @ 邑田空间设计

功能 👍

1 以瓷砖对应油烟与落尘问题：考虑到业主家中烹调有快炒习惯，而玄关则有落尘问题，因此，在这两个空间以瓷砖为主要材质。以玄关为例，就以板岩材质的六角砖为主，打造地坪独特亮点，清理上也很轻松便利。

空间质感 👍 功能 👍

2 仿清水模表现空间利落性：满足男主人喜好简单、利落的设计风格，设计师在客厅与书房的隔墙间使用了仿清水模设计，经改良后的材质，质感更细致也更适合居住空间，日后清洁维护也很方便。

功能 👍

3 铺设榻榻米使用舒适又安全：由于业主曾留日求学，对于日式榻榻米材质相当熟悉，于是设计师将此材质用于开放式书房中，不仅替业主找回那份熟悉感，儿童在此玩乐也很安全。

家庭成员 2 人
设计亮点 超耐磨木地板、木皮、壁纸

亮点分析

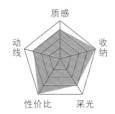

09 木质包围，让家更温润

　　喜欢木头材质的业主，希望家中尽可能地以木质做装饰，但碍于居住环境及日后维护，改以接近实木的材质来做诠释。地面就以颜色较深的超耐磨木地板为主，客厅沙发背墙则将不同种类木皮做烤漆处理后穿插排列，主卧则是让木皮与壁纸做搭配。如此，空间营造虽在木元素之下，但也通过替换、搭配等手法，让空间在富于变化的同时也很好维持与清理。

　　图片提供 @ 禾光室内装修设计有限公司

空间质感 👍

1 加强处理以利木皮后续维护：由于木皮仍属天然木材，上色部分除了结合烤漆处理外，原色呈现部分则在表面进行过防护处理，如此一来，当它们共同排列呈现于墙上时，能带来不一样的感受，后续使用时的清理维护也在掌握之中。

采光 👍

2 整齐清爽的木柜立面：半高电视墙后方，主要是作为业主摆放自行车之处，由于相关装备也需一处收纳空间，便贴墙配置了大面收纳柜，足以摆放各种物品。同样也以木柜形式呈现，再次满足业主对于木元素的喜爱。

空间质感 👍 收纳 👍

3 融合多种材质增添空间轻快感：主卧衣柜、部分床头墙仍是以木元素为主的温润色调，但在之中也加入彩色涂料、壁纸等材质的运用，好维护清洁外，其清新色彩也替环境带来轻快感。

擅用自然材料，
打造无印风清爽居家

10 是收纳，也是有型有款的主墙

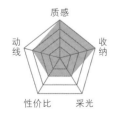

即将结婚的男女主人，买下这间面积 83 平方米的新
房后，便邀请设计师为其爱巢打造无印良品风格的简约清
爽空间。由于采光良好，设计师将书房改成透明隔间，开
放餐厨空间让阳光进入，这些开放式设计也为爱鸟提供了
一个宽广的活动空间。全室以木色材质为空间打底，电视
墙结合了视听电视柜及自行车挂架，左右又串联了玄关柜
及窗口卧榻，成为空间的视觉焦点。

图片提供 @ 大秝设计

1.

视觉及收纳统一： 因为爱鸟的关系，除了在窗台旁的卧榻设计摆放鸟笼外，上方还设计斜屋顶小房子收纳柜，放置爱鸟的饲料及生活用品，并将小房子设计沿用至玄关屏风及电视墙的时钟。

2.

利用美耐板做自行车车架，清理方便： 为了整体性及方便整理，自行车挂架改用美耐板材质，同时设计凹槽固定，凸出的部分还可以成为夫妻俩爱鸟的暂停空间，减少电视墙文化石面积，以放入两辆自行车，形成空间最美的风景。

功能 👍

3 **玄关镂空木屏风：** 为避免一进门就看到厨房的问题，设计了玄关木屏风，并穿插小房子形状隔板做成展示板和挂衣架，方便业主挂钥匙、包包、外出衣物及摆放小物。

功能 👍 空间质感 👍

4 **绷布门片也是靠垫：** 次卧采用架高地板，除隔离湿气外，还增加收纳功能，同时在橱柜下方的门片设计彩色的绷布软衬，可以做靠背，也营造空间的活泼感。

家庭成员 夫妻2人＋3个
小孩
设计亮点 冷暖材质的交互
使用

亮点分析

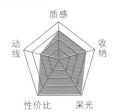

11 耐脏耐用，用质朴展现生活原味

　　五口之家为了争取宽敞的生活空间，决定搬到新家，但因格局较为狭长，面临通风不良、采光不足的问题，设计师率先调整格局，自后院纳入更多微风和阳光，让一家人享受着欢乐共处的美好时光。此外设计师以实木、锈铁、水泥粉光、不锈钢为四大重点元素，打造出带有时间印迹的自然风格家居。

　　图片提供 @ 合风苍飞设计工作室

空间质感赞 👍

1 厨房里藏巧克力脏脏包：具有自然锈蚀痕迹的黑铁板包覆冰箱柜，营造出业主喜爱的沧桑感，表面经保护漆处理，不会落尘亦便利清洁。

采光赞 👍

2 水泥粉光的自然延伸：水泥粉光的墙面自室内延续到户外，弱化了空间的内外界线，深浅不一的颜色展现出朴质而温润的氛围。

3 抗脏污且有风格的材质布局：为了与屋子里木材柜门的暖调基底对应，厨房长型不锈钢工作台面、中岛桌面以冷调的金属灰展现冰火交融的趣味混搭，不仅创造出耐脏耐用、超高性价比的平台空间，而且强调出独一无二的家居个性。

功能 👍 收纳 👍

家居"医生"暖心提示

维持空间干爽舒适的设计重点

想要减轻日后清扫维护的负担，就要从室内设计阶段开始规划，从天花板到地板，从室外窗台至室内，打造耐脏的居家环境，自然简简单单就能随时保持清爽美好的家居环境。

重点 1 慎选色调与材质

室内空间地板、天花板或是柜体，如果选用明度高、彩度强的颜色或是极端颜色（如纯黑、纯白等），一旦附着灰尘就很容易看得到；而抛光砖、橘色墙这些光滑或带有亮光性的建材，稍有脏污就容易看见，最需要时时清理。倒是仿古的超耐磨地板，本来就有做旧感家具，自然色系的灰墙等耐脏度较高。

重点 2 避免不必要的缝隙空间

缝隙是污垢最爱停留的地方，容易累积霉菌，每次清理也相当费劲，在规划室内设计时，缝隙越小的天花板、墙面及地板材质，越能减少未来清理的负担，因此，不妨选用缝隙小的石英砖、不拼接的烤漆玻璃代替厨房瓷砖，台面则适合选用无接缝且不易被染色的不锈钢或石材等。

重点 3 创造通风无碍的格局

想要拥有舒适环境，就不可忽略空间中的光线与通风。保持空气畅通，才能消除室内的潮湿、阴暗。如果家里属于有暗房、单一面窗的户型，那么就需要有完善的室内空调系统。此外，最不易保持干爽的卫浴空间，如果没有对外窗，可加装暖风机，这样能将室内空气抽出，送进干净的空气；除具有增进内外对流的功能外，还有干燥、抗潮湿的作用，能维持空间干爽。

重点 4 避免厨房油烟污染

烹调过程中产生的油气油烟，虽然每次都有清理，但日积月累还是会在墙面或周边形成油污。想要避免油污就需要强化抽油烟机的功效，例如油烟罩与吸入口的位置越低越好，或加装侧面油烟挡板，都能有效减少每次大火快炒带来的油污。

重点 5 避免过度装饰

造型越繁复，打扫起来就越费力，间接照明的光沟、凹槽线板、开放式收纳都是扫除的噩梦。简单的线条、封闭式柜体和玻璃门片对抵御灰尘多有帮助。此外，在设计时，还要避免清扫工具不易进入的零碎空间。

亮点分析

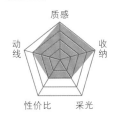

12 简约复古，随意收整就很有个性

纪先生和纪太太原本住在市区，后来发现了这栋屋龄虽大，但条件尚可的宅院老屋，十分欢喜。与设计师讨论且经过改造后既注入新意，又保留了以往常见的红门、庭院与绿树，屋内与屋外通过木材质与枫树交相堆砌出复古又时尚的纯朴生活姿态。

图片提供 @ 合风苍飞设计工作室

空间质感 👍

1 **表里不一的木板规划**：房子格局调整后，三面与院子接轨，室内木台阶仅 40 厘米高，宽度 50~60 厘米可随时坐下，室外木卧榻更宽，有 80~90 厘米，方便业主坐卧。

采光 👍

2 **大隐大现的柜体设计**：利用厕所外围墙面设计满墙的开放式书柜，让热爱阅读的一家人共享阅读的空间与时光。书桌后方的收纳柜则隐身在空间之中。

收纳 👍

3 **如挂画一般的收纳盒**：在格局自由的一楼当中，利用墙面设计木质壁柜，不顶天立地的设计让柜体更显轻盈，宛如墙上的一幅挂画。

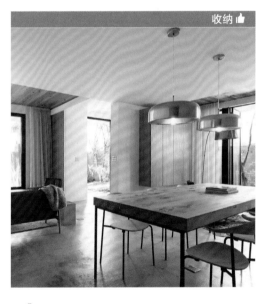

收纳 👍

4 **从前院走到后院的柜体**：前后院一条龙的柜子，前段在户外仅留不锈钢台面作简单的桌板，延续同样材质与高度向室内延展，仿佛内外之间没有界线。

13 缤纷与怀旧共谱爱之曲

与妻子都在食品业界工作的凯文，在城中老社区找到这个面积 116 平方米的爱屋，他希望将在美国生活时的氛围带入新家；而女主人喜欢颜色彩缤纷的空间，并要求超强的收纳功能。于是整体空间在设计师规划下，利用区域整合功能柜体设计，并展现多功能用途，以局部工业化材质及老式家具画龙点睛地设计出符合两个人心目中理想的家。

图片提供 @ The Moon 乐沐制作

人员组成

家庭成员 夫妻 2 人
设计亮点 材质运用及半开放式书房

亮点分析

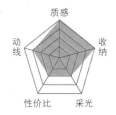

1 **波浪木制天花板遮蔽梁柱：**天花板、地板呼应墙面的垂直线性，横向延伸，让木制天花板从玄关开始蔓延，循着大梁设计成圆弧导角以不规则形态铺设至餐厅上方收边。剩余部分是大面积的质朴灰调，搭配复古红砖砌筑的电视墙，通过斑驳肌理、怀旧色调，隐喻美好的岁月痕迹。

2 **木质板材拼接弧形储藏墙面：**运用木质板材的拼接，制造层次有序的立面风貌，并将储藏房门开口穿插其中。弧形墙面引申出流畅的动线脉络，从玄关引领至公共场域，再到私密空间。其中几块染色木板除了视觉跳色外，也有把手引导功能。

3 **植物墙、红酒柜为生活添乐趣：**结合玄关鞋柜及餐边柜功能的隔间双面柜体，在餐厅这面设置了红酒区，并规划一面由永生草建构的植物墙，墙上搭配试管穿插，让女主人可以视季节及心情更换花卉，为空间增添生命活力。

人员组成

家庭成员 夫妻 2 人
设计亮点 开放餐厅、厨房及北欧卫浴

亮点分析

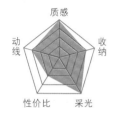

14 轻透亮白的湖畔舒适家居

虽然是为了退休生活而规划的居住空间，但对于喜欢随时保持清洁的业主来说，如何能快速清理，保持空间整齐也十分重要。因此在设计师重整这间面积 99 平方米已有 15 年房龄的老宅时，通过空间整合把 3 室改 2 室，并将原厨房改为客卫及储藏室，餐厅、厨房改为开放式设计，建材的选用及设计以轻透亮白为原则，方便清理。

图片提供 @ 润泽明亮设计事务所

1 用不同白色上漆手法营造空间层次：
为展现纯白的空间视觉，全案采用白色乳胶漆呈现，墙面的喷漆及立面柜体的烤漆交织呈现，营造层次感。而木地板则采用北美浅色橡木的超耐磨木地板打造。

2 以透明亚克力强化空间通透感：为呈现业主想要的白色清透感，设计师在家具及家饰挑选上以通透材质为主，如用餐桌的亚克力桌脚及手吹玻璃吊灯营造北欧简约生活氛围。

功能 👍 动线 👍

功能 👍

3 不锈钢板及花砖，兼顾清理方便与风格：考虑到做菜油烟问题，用不锈钢板包覆炉具立面，方便清理。但在厨具中间则以特殊进口花砖呈现，营造风格的同时也成为开放厨房的视觉焦点。

4 地铁砖 + 六角马赛克砖，实用又美观：明快好清理的设计理念，也延伸至卫浴空间，通过墙面的欧式地铁砖，与地面三种同色系的六角马赛克拼花相呼应，增添白色卫浴空间的活泼氛围。

15 运用建材，创造率性生活空间

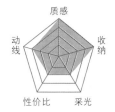
　　由于业主喜欢极具个性化的工业风，设计师便以红砖、仿饰水泥砂浆、铁件等元素做呈现，除工业元素安排之间适度留白外，也加入木元素做平衡，让风格表现不失个性，同时又带点温度。大空间中也为业主兴趣、收藏品预留了位置，如入口玄关与客厅间规划了半穿透的展示间，除了用来摆放女主人的演奏型钢琴外，也在一旁配置了 L 形的展示柜，下层可放置乐谱与其他杂物，上层则可摆放男主人收藏的模型。

　　图片提供 @ 维度空间设计

1 用木元素平衡工业风的冷调：房屋的首要功能是居家生活，为了让它看起来不那么冰冷，设计师选择在环境中加入了木元素，地面、柜体等都可见其踪迹，在各式木种色泽纹理共同交织下让整体更具层次，也平衡了工业风的冷冽感。

2 转换运用重现材质特色：空间中要表现出水泥墙面的部分，设计师以墙面水泥漆来做表现，效果不输真实水泥，日后也很好维护。另外，设计师也在门上包覆了不锈钢金属冲孔板，并以烤漆做表面处理。这些转换运用巧妙地营造出工业化氛围，也展现出材质的另一项特色。

收纳 👍

亮点分析

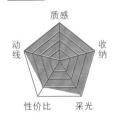

16 收藏融入设计，中西合璧的艺术宅邸

　　这间新房以中西合璧的概念设计，将中式元素的收藏品呈现在绿纹白底大理石材质的玻璃夹纱展示柜体中，并点缀隐喻青花瓷的蓝色元素。取消客房换来可容纳 20 人的餐厅，并在此空间上集中展示所有收藏。巧妙的是当玻璃门片敞开之后，除了可看见完整的收藏品，客厅也变成独立可留宿的空间。玄关与厨房的双面柜体右侧则刻意留出通道，当客厅有家人过夜使用时，就能由此进出不受打扰，同时让空间更有穿透流通的视觉效果。

　　图片提供 @ 馥阁设计

1 多用途的玻璃展示柜：为了满足业主展示中式瓷偶藏品的需求，客厅、餐厅以一座可双面使用柜体打造而成，面对餐厅的区域为展示柜功能，玻璃夹纱门片可弹性决定是否将全部的展品陈列，当门片合上时，仅有中间开放展示功能，通过每周或每月选品的概念增加收藏乐趣。门片的另一个功能则是让客厅可成为独立空间，适时转换为临时客房使用。

2 开放式设计让行李箱使用更便利：儿童房的使用者是在美从事服装设计的儿子，带点弧度的开放式衣柜展现如橱窗陈列般的效果，左侧层架特意采用开放形式，让回国的儿子可以直接摆放行李箱，下方亦可收纳行李箱。

3 零碎地化身收纳基地：这间房子的儿童房与主卧室。内边角有零碎角落，设计师将其妥善规划为收纳空间，同时置入穿衣镜，让每个角落都化身为更实用的功能空间。

PART 5

简约实用！家装减负设计妙招

为自己的空间注入个人喜好，无须烦冗规划，只要一点小心思，小设计就够了

设计重点：实用规划！用简约呈现居家新风尚

警惕：过度装修，空间好看却不像家

图片提供 @ 木介空间设计

家装败笔 1
宠物房设计得真炫酷，当心中看不中用

解决办法
考量人与宠物的需求差异，打造两全其美的家具

　　许多家有宠物的业主，在规划新环境时，往往因考虑到自家宠物的习性与喜好，而做了很多别出心裁的设计，例如空间猫道、活动门、猫狗睡窝等。这样虽然增加了空间功能与丰富性，但却忽视了清洁整理及维护方面的便利性，特别是换季期间容易掉毛，发情期容易四处排泄等问题难以解决。过高的猫道跳台就很可能在日后成为清洁的一大隐忧，在规划时需要全面考虑。

图片提供 @ 寓子设计

家装败笔 2
家里太缤纷，心情乱纷纷

解决办法
恰当的设计，才是装潢的关键

　　在许多杰出室内设计作品中，不乏繁复的柜体设计，为家里创造十分吸睛的角落，不过"家"是用来居住的，既不是设计师的作品，也不开放参观，与其讲究华美，倒不如把实用性放在首位。不少业主以为柜子做得多功能才完整，却往往忽略了收纳的使用习惯。倘若运用大片的墙面玩色彩、玩设计，看起来缤纷有趣，却也容易看久之后形成空间中的无形压力。如果不能从实际层面思考居家设计，最后往往花了钱却没有得到想要的结果。

图片提供 @ 倍果设计

家装败笔 3
梁柱过度包覆，空间无形蒸发

解决办法
有舍有得，才能充分运用空间

　　若室内有大梁柱，即使利用天花板包覆，仍会带来压迫感，不如直接运用这些地方做收纳。例如沿大柱四周规划大面橱柜，将柱子墙面包裹隐藏，如此一来不仅能淡化大梁下形成的压迫感，还能拥有更多杂物收纳空间。空间中少了梁柱的角度线，立面也更清爽。过度狭小的空间若不适于活动，也可直接作为储藏间、更衣室。

兼顾功能与维护便利度的创意小设计

家庭成员 1 人

设计亮点 双面柜、吧台桌

亮点分析

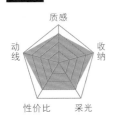

质感

动线

收纳

性价比

采光

01 一人住刚刚好的多功能解压住宅

只有 50 平方米的 40 年老屋原本是二室一厅，以一个人的居住为前提，将空间打开到宽敞舒适的生活尺度。全屋除了卫浴之外皆舍弃门片，同时搭配自然建材的运用，以及功能的整合规划，让小家清爽好整理。

图片提供 @RND Inc

1 **桦木夹板打造双面柜：** 仅仅 50 平方米的小家，利用一座双面功能柜体作为隔间。面对客厅一侧是设备柜、展示柜，百叶门片之内是小型储藏室；对应卧室一侧则是衣柜，柜体刻意不做及顶部，同时取消房门，空间自然有加倍放大感。

功能 👍 动线 👍

功能 👍

2 **自然素材还原结构，小家清爽解压：** 原本设置在阳台的小厨房挪移至客厅旁，保留老屋既有的独特水泥天花板，除了可拉大空间尺寸，也能精简预算，对应而下的中岛区立面搭配空心砖材，呼应裸露天花的质朴本质。

3 **轻金属面板好清洁：** 相较一般常见的塑料开关面板，不锈钢材质在更好清洁更耐脏的同时，还保留了一点复古气息。

165

家庭成员 夫妻 2 人
设计亮点 餐厨收纳、黑色
系书房

亮点分析

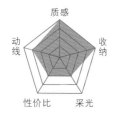

02 隐形布局，清爽小家也拥有丰富变化

　　43 平方米老屋原来配置了三个房间，每个房间都很小，加上老旧铝窗、深色装潢，空间拥挤又阴暗。重新整顿后，将公共厅区做开放连接，换上白色通透的大面落地窗，厨房以玻璃推拉门分隔，加上大量的白色作为空间背景，同时利用格局巧思让收纳看似隐藏于墙面，这样不但空间变大了，还具备了丰富的功能性。

　　图片提供 @ 尔声空间设计

2 **黑色系书房弱化大梁结构**：通过隔间墙的些微退让所产生的走道式书房内，刻意将柜体和天花板都覆以黑色，通过强烈的对比反差削弱大梁结构，也一并将主卧室门隐藏修饰。书桌左侧下方的四宫格开放层架则便于收纳遥控器、卫生纸等生活物件。

1 **橱柜与香案完美融合**：根据业主需求设计的香案，既要符合尺寸还要配合位置。设计师利用餐厅旁的空间，延伸出和橱柜一致的餐柜设计，并通过木色的转换打造出风格统一的香案，达到理想的融合效果。

3 **玻璃推拉门、白色落地窗，让光自由流动**：改造昏暗老旧的公寓住宅，厨房采取玻璃推拉门，老旧铝窗也更换上清爽的白色落地窗，特意保留的前阳台也铺上白色系六角砖，加上公共区域的开放串联，微调次卧隔间，稍微放大客厅区，让前后光线可以自由流动，空间感更宽敞。

03 风格与功能兼备的居家

　　本身职业都是医生的夫妻俩，对于生活与教育都有一套自己的理念，并十分看重家人相处的时光。基于此，厨房放在采光和视野最佳的位置，公共空间也采用完全开放的设计，让热爱下厨的女主人烹调美味的同时也可掌握年幼孩子的实时动态，共享美好的亲子时光。

　　图片提供 @ 福研设计

人员组成

家庭成员 夫妻2人 + 2个小孩
设计亮点 魔术方块般的机器设备盒

亮点分析

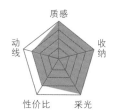
质感
收纳
采光
性价比
动线

功能 👍 空间质感 👍

1

厨房卧榻实用小心机：格局改动后，调整厨房位置并加入中岛设计，根据水管配置而架高地板，窗边的零碎空间规划为卧榻，塌下则作为收纳空间。

收纳 👍 空间质感 👍

2

超薄书柜让藏书量倍增：夫妻俩喜欢蓝色给人的放松感觉，搭配极薄的铁片隔层，不仅可以放入更多的书，也让此书柜成为女主人下厨时可欣赏的景致。

功能 👍 收纳 👍

3 **一站式多功能柜**：不希望家中有明显的电视，便将电视柜以隐藏式的设计，结合开放式的厨房设备柜，使客厅和厨房的功能更加完整！

打造理性与感性交织的居家风格

人员组成

家庭成员 夫妻 2 人
设计亮点 游戏间、储藏柜

亮点分析

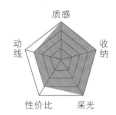

04 清爽、质朴、实用，打造零装感家居

夫妻俩对于无印良品家居风格十分向往与喜爱，期盼新家也能如无印风般简约干净。设计师将格局开放串联，释放出宽阔的空间框架。此外，材料色系围绕在白、灰、木质基调，再调入些微的绿色，柜体规划也以开放层架、悬浮式、内嵌式的手法呈现，完整赋予业主一个白色纯净的无印风居家。

图片提供 @ RND Inc.

1 **无重量的悬浮收纳心机**：为了打造业主喜爱的无印良品风格，设计师以水泥做地坪，并通过线条简约利落的纯白色柜体加上木质层板规划，让收纳变得轻盈无压力。

2 **可弹性变更的无印风衣柜**：利用梁下仅有的200厘米的高度，将墙面规划为衣柜，内部配置采取层板、吊杆和活动式PP盒的组合形态，让业主可弹性调整衣物的收纳方式。除此之外，由于衣柜内高度有限，门片上端以轨道灯作立面固定，往内投射即可创造所需光源。

3 **推拉门游戏室让空间极大化**：将客厅规划于过道上，一旁紧邻的空间作为游戏室、客房使用，两者之间则采取三片推拉门的设计，平常多半是敞开状态，使视野变得极为开阔，而对于喜爱体感游戏的夫妻俩来说也更为实用。

4 **放大镜面＋间接照明，放大空间感**：将主卧卫浴仅保留盥洗、如厕功能，完整的干湿分离泡澡、洗浴空间则规划于另一间卫浴。由于空间较为狭窄，特意将订制镜框放大至极限，加上右侧间接光源设计，创造延伸空间尺寸的效果。

人员组成

家庭成员 2 人

设计亮点 双面书柜、电器柜、景观台、植栽墙

亮点分析

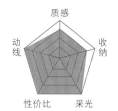

05 调和新旧功能，重塑小清新

由于本身屋况已相当不错，于是设计师适时地打开空间，让各空间之间更好联通，比如客厅与书房的双面书柜，厨房与餐厅的电器柜，在改善动线的同时也满足了使用功能。设计师还将两人喜爱的白色、蓝色巧妙地融入空间里，简单却充满清新感。由于业主也喜欢绿色植物，设计师便在客厅电视墙上，以小方砖开辟了一处吊挂绿植的地方，满足主人对种植的渴望，也替空间注入更多生机。

1 欣赏户外景致的绝佳观景台：由于室外拥有不错的海景，窗户便以落地窗形式呈现，同时设计师在窗边加设了一道木制台面，放上两张高脚椅，这儿就成为夫妻俩欣赏户外美丽景色的绝佳景观台。

2 柜体空间的充分运用：柜的后方设计师也没有忽略，除了加入烤漆玻璃和铁板外，还让墙面拥有涂鸦与留言的功能。在一旁的零碎地带也做成收纳柜、展示柜，玄关柜转角重叠处亦规划为客厅的工作收纳柜，以提高整体的实用性，同时将每一处做了最佳的安排。

3 新增电器柜体串起厨房和餐厅：原先厨房属封闭形式，再加上业主有摆放厨房电器的需求，于是设计师先将厨房空间打开，向外延伸砌了一道电器柜，并接续配置了餐桌，让使用动线更合理，需求也得以满足。

4 硅藻土墙面更健康：延续客厅电视墙使用硅藻土的方式，主卧主墙同样也以硅藻土为主要材料，通过灰白双色调呈现出宁静感，这种健康材质的运用也能带给业主一家健康的生活环境。

亮点分析

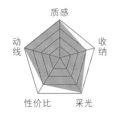

06 通透设计蕴藏家的无限实用性

　　为使自然光进入空间，设计师将原本三室两厅中的一间隔间改为玻璃取代实墙的书房，而书柜后方则设计成储藏空间，将家电及行李箱、厚重衣物等轻松收纳其中。厨房改为开放式设计，让阳光得以深入室内每个角落。全室在纯白极简的原木氛围里，打造出符合业主喜好的空间风格。

动线 👍 功能 👍 空间质感 👍

1 吧台界定空间，盆栽营造绿意：设计师保留开发商的 L 型橱柜，根据业主要求将橱柜延伸，架高中岛吧台成为开放式餐厅区域，并以此界定空间。左侧推拉门则为储藏室出入口，而右侧文化石上方的白色墙则上磁铁漆，放置磁铁小盆栽，营造家中绿意。

采光 👍

2 百叶窗调整光源：由于屋况非常好，采光极佳，因此将书房隔间改成通透玻璃，让采光得以进入室内各个角落，并搭配可调整视线的百叶窗，让书房可开放又独立。

3 玄关、隔断及收纳：玄关处采用多宝格木架做隔断，并在木格中采用房形设计装饰，不仅是视觉点睛之笔，还能收纳钥匙等小物。

功能 👍 收纳 👍

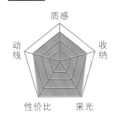
07 有型有款有功能的法式小窝

喜欢旅行、摄影、咖啡及泡澡的单身女业主,在从事教学工作几年后,买下这间屋龄 5 ~ 6 年的二手房,考虑到未来转手问题,不但将管线全更换,还将原本 2 屋 1 厅的空间改造成大套房,扩大卫浴空间,并以纯白色为基底,通过阳光照射在墙面或跳色的家具及布料上,实现不同的光影效果,呈现出带有温润质地的工业风格。

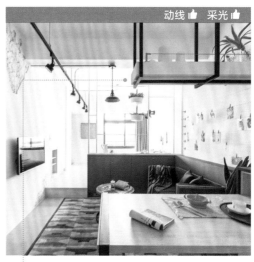

1 墙面打凿营造光影层次：因为面积小，所以不建议用太过强烈的色彩抢去空间本质，因此以纯白为基底，并在光滑墙上做局部打凿再喷漆，呈现精致中带点粗糙的美感，当阳光洒进空间时，会因光影折射出不同层次效果。

2 用钢构线条做区域划分：为放大空间感，从一进门便采用开放式设计，让视觉贯穿，光线也可进入室内。但考虑到区域划分问题，在空间下方运用高低地板及矮柜、家具、地毯等进行分隔；在空间上方则利用白色铁件钢构线条作为公私区域界线。

3 以摄影棚式聚光灯强化工业风：爱旅游又带点中性爽朗性格的业主，喜欢简单的设计，因此在灯具选择上也采用线条简单的 EMT 管（镀锌无牙导线管）呈现。唯有在卧室及客厅摄影作品墙面，以摄影棚专业灯具作为壁灯，打造强烈聚光效果，让白墙富于戏剧性。

4 猫脚独立浴缸营造法式风格：在设计之初，业主便要求浴室一定要有浴缸，这样才能享受泡澡的放松时刻。因此除了加大原本卫浴空间外，还挑选猫脚独立浴缸、复古花砖、锚钉铁件门片搭配玻璃等元件，打造异域风情卫浴氛围。

卸除过度包装，
极简空间也能容纳多功能

家庭成员 夫妻 2 人
设计亮点 客厅、餐厅

亮点分析

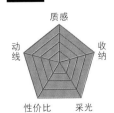

质感
动线
收纳
性价比
采光

08 回归单纯架构，混搭专属理想空间

　　有别于一般人买房后立刻装潢，业主夫妻两人反而是居住一阵后再思考未来空间的需求与样貌。男业主喜爱电子产品与工业风格，女业主则偏爱乡村风以及手作缝纫。在两人的需求之下，设计师舍弃层层的包覆性装饰，通过自由动线的串联，让工业风与乡村风以现代手法呈现，营造出独一无二的居住氛围。

　　图片提供 @ KC design studio 均汉设计

1 铁网折板天花板保持穿透性与照明效果：通过楼板与梁之间极大的高度落差，利用折板的高低角度穿越开放区的各个领域，同时整合各区域的照明，满足复合式空间的亮度需求。

收纳 👍

2 自由动线带来有效率的生活路径：长方形格局通过自由动线设计，创造出一层层的空间串联趣味，私密空间，如健身房、更衣室、卫浴空间及主卧，可以是一个大空间，但也可各自存在而不相互干扰。

3 开放生活圈串联更多互动：将原本窝在角落的厨房重新进行配置，根据下厨需求打造内外厨房，外厨房用于制作冷盘，中岛吧台下的活动餐车被赋予收纳、展示功能，使用更便利。

收纳 👍

亮点分析

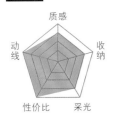

09 用简约北欧风格打造乐趣之家

　　房主夫妻两人希望能以北欧风作为家居风格，要有开阔舒适的公共空间外，一定要有中岛及吧台区域来满足夫妻两人动手制作美食及调酒的乐趣。

　　图片提供 @ The Moon 乐沐制作

1 架高吧台隐藏厨房杂乱并营造氛围：将厨房改为开放式空间，让原本走道的区域转变为 L 形中岛区，上方为工作台面，下方兼具收纳橱柜。通过架高的吧台屏风及厨房天花板设计作空间分隔，也削弱厨房的视觉杂乱感。

3 以积木块体呈现区域分界：色彩是北欧风格很重要的设计元素。本案设计师运用色彩分隔空间的手法，将大面积的淡墨绿色从餐厅一路延伸至走廊，形成积木一般的独立空间，并以彩色分隔公私场域关系。

4 可转动屏风营造光影变化：为确保良好的采光，设计师将玄关屏风设计成可旋转的木质屏风，视业主的心情调整至全然开放或是密闭，也可调整屏风木板的角度，营造空间里不同的光影变化，形成独具一格的风景。

181

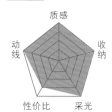
10 用家的符号描绘温馨氛围

　　业主杨先生因为要回来照顾已 96 岁高龄的老母亲，便将母亲居住的 132 平方米老房子重新装修，除了需要规划一个无障碍的 3 屋 2 厅居所空间外，还需提供假日时孙子及曾孙回来时居住场所，同时要有强大的收纳功能，以容纳一家四代平日使用的物品，及男主人的收藏品，于是设计师便利用书房的架高地板底下增加收纳空间。

　　图片提供 @ 构设计

1 **双门柜手法打造三间储藏室及玄关柜**：根据业主大量收纳的需求，利用零碎空间硬挤出三间储藏室，分别在和室及餐厅两侧。玄关鞋柜兼电视柜的双面柜体，设计成一边为展示空间，一边为收纳柜。

2 **地面、墙面均可收纳的和室游戏间**：将客房设计成架高和室兼收纳柜，同时也作为小朋友的游戏间。和室地面上方为衣橱，下方为棉被收纳柜，衣橱对面还有一间隐藏储藏间。

3 **利用房梁之间设计展示吊柜**：老旧公寓的房梁贯穿空间，因此利用两根梁中间的空间，在吧台上方设计上层展示吊柜，不仅可放置植物还可放置餐具。

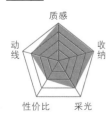

亮点分析

质感
动线
收纳
性价比
采光

11 多元运用，空间简单却充满趣味

　　颇能接受新颖想法的业主，在确定房间格局与功能需求后，便放手让设计师进行规划。设计师尝试在环境中加入斜角设计，从天花板、墙面，到家具摆放设计师都进行一致性的安排，这样不仅保有空间的开阔性，还增添视觉趣味。在用色上业主也敢于挑战鲜明色彩，于是设计师也大胆地在空间中注入亮色元素，例如客厅中鲜黄色沙发、红色铝百叶等，不仅给空间带来惊艳的视觉效果，也让整体更显趣味与变化。

　　图片提供 @ 方构制作空间设计

1

斜角设计让空间视觉感更具延伸性:
为了维持环境的开阔性,设计师除
了打通空间之外,也加入斜角设计,
例如以美丝吸音板为材质的天花
板,墙体的立面设计,沙发的摆放,
这些斜角设计既不破坏空间的宽阔
感,又让视觉感获得延伸。

2

玄关柜满足一定的收纳量:为了不
让过度的收纳柜体影响整体设计风
格,设计师选择在几处重点空间配
置足够的柜体,以玄关为例,沿墙
而生的玄关柜,除了足以摆放一家
人的鞋之外,还能摆放其他生活物
品。

卧榻成为弹性空间：全然开放的空间里，为了能有更清晰的格局定义，设计师通过家具的摆设来界定。例如客厅的多功能空间便是以卧榻来体现，家人使用时可以是游戏和阅读的场所，当友人来访时又可与客厅、餐厨区整合为一个大空间。

4

中岛吧台 + 餐桌，提升使用性能：室外阳台区配有适合中式烹调的厨房，室内的中岛吧台结合餐桌则适合烹饪西餐。这样不仅可以有效使用空间而且还能大幅提升使用性能。

家庭成员 2 人 3 猫 1 狗
设计亮点 层架、衣柜与玄关设计

亮点分析

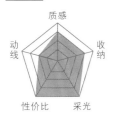

12 开放式设计，让人与宠物都有自在空间

106 平方米大的空间，为了让人与宠物自在共处，设计师将 4 房改为 3 房，并通过开放式设计配置空间，让 3 猫、1 狗能自由地游走在房间内，业主也能随时留意它们。空间整体以业主喜爱的白色为主色调，适当地在各个空间加入一些特殊材质如六角砖、仿清水模等，不影响整体清爽洁白基调的同时，还能在干净的环境中看见特殊材质所带来的小亮点。

图片提供 @ 木介空间设计 MJ Design

1 **既是书架同时也是猫跳台**：餐厅还身兼工作区、书房之用途，因此设计师在墙面上配置了层板书架，除了摆放书籍、收藏品之外，也拥有猫跳台功能，可作为宠物的游戏场所。

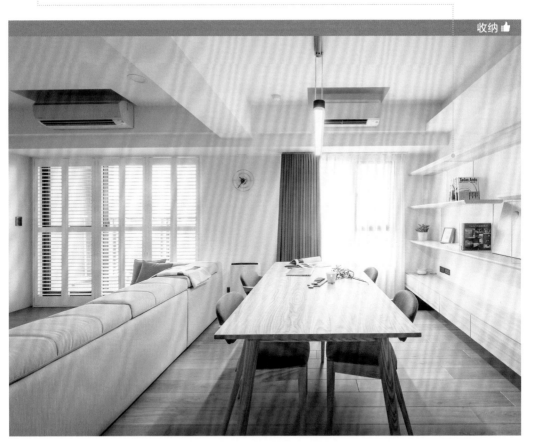

采光 👍

2 **增设厨房相关功能：** 在开放式格局下，厨房也进行了调整，衍生出电器柜、中岛吧台等区域，拉大尺寸后，不只让使用功能更为完整，整体动线也变得很流畅。

采光 👍

3 **C 形钢 + 纱帘，成就特别的更衣室：** 主卧中摆入超大尺寸大床后，相应压缩了空间中其他功能的使用，于是设计师在床的后方以 C 型钢结合纱帘，建构出特别的更衣室，让床有了依靠的同时也解决了收纳问题。

收纳 👍　功能 👍　采光 👍

4 **沿梁下创造隐形的收纳功能：** 由于客厅电视墙下刚好有一道横梁经过，为了收齐空间中的线条，沿梁下的电视墙后方规划了储藏室，双门进出相当便利。再往旁边延伸过去则是鞋柜，这些设计不仅强化了收纳功能，具有一致性的设计也使得空间立面更为干净。

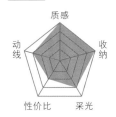
13 简约舒适视野，整理也可以很优雅

　　喜爱北欧风，又渴望拥有一个好整理的居家，有可能两全其美吗？设计师简化装饰性的线条与物件，开放厅区毫无隔间阻碍，异材质地板也维持使一致无落差，厨卫更是铺贴好擦拭、清洗的复古砖材，让风格与实用兼具。

　　图片提供 @ 北鸥设计

1 简化设计避免灰尘堆积：不论是墙面还是柜体设计，均舍去多余的线条与装饰。墙面单纯以涂料刷饰，柜体造型简单利落，清爽无负担的设计，可避免灰尘累积，随手一擦就干净。

2 无落差地面打扫更便利：瓷砖与人字拼贴的超耐磨木地板，少了收边条的干扰，准确抓出一致水平，在上悬浮式柜体设计和公共厅区的减法硬件设计之下，打扫更无障碍。

3 仿大理石壁砖让油污更好清洁：厨房墙面贴饰仿大理石纹的六角花砖，少了大理石难保养的困扰，轻松就能将油污擦拭干净，同时又能创造出画龙点睛的视觉效果。